Algues bleues
Des SOLUTIONS PRATIQUES

Catalogage avant publication de Bibliothèque et Archives nationales du Québec et Bibliothèque et Archives Canada

Vedette principale au titre :

Algues bleues : des solutions pratiques

(Bouquins verts)

Comprend un index.

ISBN 978-2-923382-25-8

1. Cyanobactéries, Lutte contre les. 2. Cyanobactéries - Aspect de l'environnement. 3. Eau - Pollution bactérienne - Prévention. 4. Cyanobactéries - Écologie. 5. Cyanobactéries, Lutte contre les - Québec (Province). I. De Sève, Michèle A., 1947- . II. Lapalme, Robert. III. Collection.

TD427.C92A43 2008   363.739'472   C2008-940550-1

Crédits photographiques

Toutes les photographies sont de **Horti Média – Bertrand Dumont** à l'exception de : **G. Beakes :** p. 56 (bas), p. 59 (haut et milieu), p. 62, p. 64 (trois supérieures) et p. 69. **Michel Corboz :** pages 27, 67, 117, 209, 244 et 247. **Jean-François Girard :** page 227. **Isao Inouye (University of Tsukuba), Mark Schneegurt (Wichita State University) et Cyanosite (www-cyanosite.bio.purdue.edu) :** page 181 (inférieurs). **iStockphoto :** pages 31, 38, 73, 168, 172, 175, 180, 236, 241, et iStockphoto + auteur pour les pages 32 : Julius Sucha, p. 33, et 126 : Jim Jurica, p. 43 : Jon Wilkie, p. 53 : Mark Evans, p. 86 : Ivan Dubé, p. 97 : Wonganan Sukcharoenkana, p. 111 (bas) : Steven Bourelle, p. 112 : Howard Oates, p. 113 : Imad Birkholz, p. 117 : Brett Charlton, p. 124 : Libby Chapman, p. 127 : Luca di Filippo, p. 129 : Ann Akesson, p. 130 : Viktor Balabanov, p. 132 : Vic Pigula, p. 133 : Lya Catte, p. 137 : Marcin Kaminski, p. 140 : Douglas Allen, p. 143 et 166 : Chris Crafter, p. 157 : Jerry Koch, p. 158 : Lubomir Jendrol, p. 165 : Mark Yuill, p. 167 : Ian Hubball, p. 174 : Greg Nicholas, p. 176 : Mike Dabell, p. 182 : Marcel Pelletier, p. 184 : Winston Davidian, p. 204 : Myron Unrau, p. 206 : Marco Maccarini, p. 208 : Richard Mirro, p. 213 : Marcelo Wain, p. 217 : Tony Tremblay, p. 219 : Bonnie Schupp, p. 220 : Serdar Yagci, p. 221 : Michael Westhoff, p. 233 : Jeffrey Heyden-Kaye et p. 237 : Vicki Reid. **Robert Lapalme :** page 147. **Jacques Nault :** page 178 (en bas [2]). **Michel Prince :** pages 136, 148, 149 (3) et 152. **Lucie R. :** pages 40 et 43. **Michel Rousseau :** pages 87 (bas), 89 (haut) et 106 (2). **USDA – Natural Resources Conservation Service :** pages 80, 164, 170, 171, 177 et 178 (haut). **USDA – Agricultural Research Service :** page 181. Les **illustrations** sont de : Geneviève Rocheleau, Marie-Ève Boisvert, Claudine Deschênes et Stéphane Laurin.

Bertrand Dumont éditeur inc.
C. P. nº 62, Boucherville
(Québec) J4B 5E6
Tél.: (450) 645-1985
Téléc.: (450) 645-1912
(www.dumont-editeur.com)
(www.solutions-algues-bleues.com)

Éditeur : Bertrand Dumont

Révision : Raymond Deland

Conception de la mise en pages : Norman Dupuis

Infographie : Horti Média et Charaf el Ghernati

Numérisation et calibrage : Langis Clavet

© Bertrand Dumont éditeur inc., 2008

Dépôt légal – Bibliothèque et Archives nationales du Québec, 2008

Bibliothèque et Archives Canada, 2008

ISBN 978-2-923382-25-8

L'éditeur remercie :

• la Société de développement des entreprises culturelles (SODEC) du Québec pour son programme d'aide à l'édition.

• Gouvernement du Québec – Programme de crédit d'impôt pour l'édition de livres – gestion SODEC.

Société de développement des entreprises culturelles
Québec 🔲🔲

Imprimé sur papier 10 % post-consommation et FSC.

Imprimé au Canada

Algues bleues
Des SOLUTIONS PRATIQUES

Sous la direction de
Robert Lapalme, M. Sc. M.A., M.Env.

Michèle De Sève, Ph. D.
Michel Rousseau, arch. pays.
Daniel Lefebvre, arch. pays.
Michel Prince, ing., MBA
Jacques Nault, M. Sc., agronome
François Legaré, ing. f.
Mᵉ Jean-François Girard, B. Sc. biologie, LL.B.

Bertrand **DUMONT** éditeur

TABLE DES MATIÈRES

Responsabilités collectives 7

Algues bleues : les solutions pratiques *8*

*Solutions à très court terme
pour réduire la présence des fleurs d'eau* *10*

Solutions de gestion globale à court, moyen et long terme *11*

Solutions collectives *13*

Solutions pour développer les zones de villégiature *14*

Solutions autour des résidences *16*

Solutions pour les municipalités *18*

Solutions pour les fermes. *21*

Solutions pour l'exploitation forestière. *22*

*De nouvelles causes
qui exigent une stratégie globale* *24*

De nouvelles causes identifiées. *26*

Une stratégie globale à court, moyen et long terme *39*

À la découverte des algues bleues. *54*

Les algues bleues *56*

Leur milieu. *57*

Les conditions qui favorisent les fleurs d'eau *59*

La toxicité des algues bleues. *62*

Mettre en place un plan de suivi *66*

La modélisation *67*

Un ensemble de facteurs. *69*

Développer de façon durable
les zones de villégiature. 70

Une force érosive. 71

Le plan de développement. 76

Repenser un secteur d'habitation existant. 81

Un projet de développement durable. 83

Contrôler le ruissellement autour des résidences 84

Les sources des eaux de ruissellement
et les moyens de les enrayer. 86

Établir une stratégie globale et simple. 94

La planification des ouvrages de captation
des eaux de ruissellement. 99

Les différents types d'ouvrages de captation. 101

Les équipements de drainage souterrain. 112

La bande riveraine 115

La gestion des vues. 120

Les utilisations récréatives. 121

La gestion des eaux sanitaires et des eaux pluviales 124

Les eaux sanitaires 125

Les eaux pluviales 134

Deux exemples. 156

Contrôler les fuites à la ferme. 160

La ferme : un écosystème poreux. 161

Les sources de fuites. 163

Comment faire pour minimiser les fuites 173

Les effets du type de ferme sur le risque
et sur la mise en place des solutions. 181

Les incitatifs réglementaires et économiques 182

Les forêts, leur aménagement et les algues bleues........ 186

Les forêts et la qualité de l'eau 187

Les forêts, des milieux complexes 190

Les forêts et les algues bleues.......................... 193

Les forêts et le cycle de l'eau 197

Les aménagements forestiers
et la protection de la qualité de l'eau 200

La propriété des forêts et le mode d'aménagement......... 205

Les aspects juridiques de la protection des lacs
et des cours d'eau................................... 210

L'eau : chose commune ;
les lacs et cours d'eau : biens collectifs.................. 211

L'environnement : une compétence partagée.............. 212

La compétence exclusive du gouvernement fédéral
sur la navigation 213

Les compétences provinciales
en matière de protection de l'environnement.............. 215

Les pouvoirs des municipalités 217

La Loi sur les compétences municipales :
perspectives d'avenir................................ 233

Le pouvoir des citoyens............................. 239

Les auteurs... 249

Références bibliographiques 253

Index...................................... 254

RESPONSABILITÉS COLLECTIVES

DEPUIS DEUX ANS, les algues bleues occupent une grande partie de l'espace médiatique. À tel point qu'elles sont devenues un enjeu politique. Au cours de ces années, on a surtout assisté à la recherche des responsables. C'est la faute de l'agriculture pour certains. La grande responsable est l'exploitation forestière pour d'autres. Les pollueurs, ce sont les résidants qui habitent au bord des lacs pour d'autres encore. S'il est très important de bien connaître les sources de pollution, il n'est pas très efficace de cibler un secteur d'activités en particulier. On le sait maintenant, ce sont toutes les activités qui se déroulent dans un bassin-versant qui ont une influence sur la santé des cours d'eau et des lacs. Dans les faits, les responsabilités sont partagées.

Parallèlement, au cours de l'été 2007, Robert Lapalme et moi, nous avons noté à quel point les citoyens semblaient démunis face à ce phénomène grandissant. Il suffisait qu'une mise en garde ou qu'un avis de santé publique soit émis pour que les résidants et les utilisateurs de lacs ne sachent plus comment agir.

C'est forts de ces deux constats que nous avons conçu cet ouvrage : réunir des experts couvrant tous les grands domaines d'activités économiques et leur demander de proposer des solutions. Le but n'est pas d'accuser, mais d'aider. Proposer des solutions est le premier objectif.

Le deuxième c'est de permettre à tous de mieux connaître la réalité de l'autre afin de faciliter le dialogue. Par exemple, si les membres d'une association de lac connaissent mieux les problèmes que vivent les agriculteurs, il sera plus facile de les aider à mettre en place des solutions adaptées. Par contre, des demandes irréalistes risquent de cristalliser des positions… et de faire perdurer des situations.

C'est dans cette optique de responsabilités collectives et intergénérationnelles que ce livre a été rédigé. Chaque être humain vit 24 heures sur 24 dans l'environnement. La qualité de celui-ci, on le sait aujourd'hui, est directement reliée à la qualité de sa santé. Ce n'est plus seulement d'un point de vue économique (en tant qu'industriel, agriculteur, politicien, professionnel, etc.) qu'il faut agir, mais bien en tant qu'être humain soucieux de sa santé et de celle de ses proches. Pour notre santé et notre bien-être, il est grand temps de passer des confrontations aux solutions. Ce livre est un pas dans cette direction.

BERTRAND DUMONT, éditeur

Il est impératif de trouver des solutions pour que faune, flore, milieu aquatique et activités humaines fassent bon ménage.

Algues bleues :
LES SOLUTIONS PRATIQUES

DEPUIS QUE LES ÉCLOSIONS de fleurs d'eau d'algues bleues se sont multipliées au Québec, on a beaucoup parlé des façons de les identifier et des procédures pour rapporter leur présence aux autorités. Dans le même temps, pour faire face à ce problème, plusieurs solutions ont été proposées. Toutefois, comme le démontre ce livre, celles-ci ne permettront de régler qu'une partie du problème.

Dans les textes, par choix délibéré, les auteurs ont décidé de passer sous silence les solutions les plus connues (puisqu'il existe déjà de nombreux documents, qui les décrivent). Toutefois, comme elles font partie des outils dont on dispose, elles sont présentées dans ce chapitre. Voici donc une liste de solutions que proposent les auteurs, mais aussi un inventaire des mesures préconisées depuis quelques années.

Il faut aussi noter que la plupart des solutions proposées ici ont une influence sur la qualité des eaux du lac. Par exemple, en contrôlant les apports de phosphore et d'azote dans les eaux du lac on évite la prolifération des plantes aquatiques. La présence des fleurs d'eau d'algues bleues dans un lac n'est qu'un des signes de son eutrophisation.

Il faut aussi rappeler que si certaines solutions s'appliquent exclusivement aux propriétaires de résidences situées directement au bord du lac, la vaste majorité de celles-ci doit être appliquée dans tout le bassin-versant.

SOLUTIONS À TRÈS COURT TERME POUR RÉDUIRE LA PRÉSENCE DES FLEURS D'EAU

Il s'agit de mesures qui peuvent être mises en place rapidement et qui ont pour objectif de réduire la présence des fleurs d'eau. Comme elles ne permettent pas de s'attaquer aux racines du problème, elles doivent être suivies d'autres moyens de contrôle.

RÉDUIRE L'UTILISATION DES PRODUITS À BASE DE PHOSPHATE

Diminuer, voire y mettre un terme, l'utilisation des savons à vaisselle ou à lessive, des produits d'entretien ménager, des produits d'hygiène personnelle, des engrais, etc., contenant des phosphates est relativement facile. Il existe plusieurs sites Internet qui proposent des produits sans phosphates.

RÉDUIRE L'UTILISATION DES PRODUITS À BASE D'AZOTE

Si, pendant longtemps, on a montré du doigt le phosphore comme responsable de la prolifération des algues bleues, on sait aujourd'hui que l'azote est aussi un facteur aggravant. On doit donc chercher à limiter, voire à éliminer, l'utilisation des engrais, des bombes aérosol, etc.

PROTÉGER LES BANDES RIVERAINES POUR QU'ELLES GARDENT LEUR ÉTAT NATUREL

La nature a pris des années à «mettre en place» une végétation adaptée aux bords du lac. Plutôt que chercher à la remplacer, un des gestes les plus importants consiste à conserver cette nature existante.

CONSERVER LE CARACTÈRE DU MILIEU EXISTANT LORS D'UNE NOUVELLE CONSTRUCTION

Au moment d'implanter un nouveau bâtiment au bord d'un lac, il faut rechercher à limiter la destruction du couvert forestier existant et adopter des mesures de mitigation afin que les travaux de construction ne causent qu'un minimum «d'effets négatifs».

AUGMENTER LA VÉGÉTALISATION DES BANDES RIVERAINES

Dans le cas de bandes riveraines existantes, il faut s'assurer que celles-ci comportent bien les trois strates (arborescente, arbustive et herbacée) nécessaires afin qu'elles puissent jouer pleinement leur rôle écologique. Pour plus d'information, consulter : *Contrôler le ruissellement autour des résidences* à la page 115 et *Les aspects juridiques de la protection des lacs et des cours d'eau* à la page 223.

RESTAURER LES BANDES RIVERAINES ARTIFICIALISÉES

Dans le cas de bandes riveraines transformées en pelouse, il est urgent de les restaurer afin qu'elles jouent leur rôle de filtre. Une vaste littérature scientifique existe sur le sujet. Pour plus d'information, on peut aussi consulter : *Contrôler le ruissellement autour des résidences* à la page 115 et *Les aspects juridiques de la protection des lacs et des cours d'eau* à la page 225.

ÉLIMINER OU VÉGÉTALISER LES MURETS DE RETENUE EN BÉTON

Pratique d'un autre temps, on sait aujourd'hui que les murets en béton situés au bord du lac réchauffent les eaux de celui-ci. Avec la permission de la municipalité, il est possible de les éliminer. Si c'est impossible, on cherche à les végétaliser en plantant des végétaux au pied ou en dessous. Pour plus d'information, consulter : *Contrôler le ruissellement autour des résidences* à la page 119.

AUGMENTER LA LARGEUR DE LA BANDE RIVERAINE

Tous les spécialistes s'entendent pour dire que les normes concernant les dimensions de la largeur de bandes riveraines sont des normes «minimales». Augmenter la largeur, idéalement en couvrant la plus grande partie possible du terrain, doit être une des préoccupations des propriétaires

REBOISER LES TERRAINS RÉSIDENTIELS ET LES ESPACES MUNICIPAUX

Comme il est démontré aux chapitres *Les forêts, leur aménagement et les algues bleues* et *Contrôler les fuites à la ferme*, le couvert forestier joue un grand rôle dans la maîtrise des eaux de ruissellement. Partout où c'est possible dans le bassin-versant, on doit donc privilégier le reboisement.

INSTALLER DES MARAIS FILTRANTS

Qu'ils soient à écoulement des eaux sur la surface ou sous la surface, les marais filtrants utilisent le potentiel épuratoire des plantes aquatiques pour retenir les nutriments et autres charges polluantes. Il existe une vaste documentation sur le sujet. Pour plus d'information, consulter : *Contrôler le ruissellement autour des résidences* à la page 108 et *Protéger et restaurer les lacs* chez le même éditeur.

UTILISER UNE BARRIÈRE À SÉDIMENTS

Cette technique consiste à installer une membrane géotextile soutenue par des piquets afin d'éviter que des sédiments et des matières végétales aillent contaminer les cours d'eau ou les lacs lors des pluies survenant pendant les travaux de sol. Pour plus d'information, consulter : *La gestion des eaux sanitaires et des eaux pluviales* à la page 147.

SOLUTIONS DE GESTION GLOBALE À COURT, MOYEN ET LONG TERME

Les solutions proposées précédemment sont plutôt des actions ponctuelles qui peuvent réduire ou éliminer les éclosions de fleurs d'eau. Pour contrôler le problème sur le plus long terme, il faut adopter d'autres mesures.

RECONNAÎTRE LE LAC COMME UN ÉCOSYSTÈME À GÉRER ET À PROTÉGER

Si, au départ, on ne prend pas conscience et qu'on n'est pas convaincu que le lac est un écosystème qu'on doit gérer (puisqu'on y pratique des activités) et protéger, il sera très difficile de mettre en place les mesures de protection et de restauration. Si on est soi-même convaincu, il faut aussi s'assurer que tous les «utilisateurs» du lac et du bassin-versant sont conscients des impacts de leurs activités.

CRÉER UNE ASSOCIATION DE LAC

Comme on le sait aujourd'hui, la protection de l'environnement demande des actions concertées. La création d'une association de lac permet de canaliser les efforts et facilite la communication entre les différents acteurs dans le bassin-versant. Pour plus d'information, consulter : *Les aspects juridiques de la protection des lacs et des cours d'eau* à la page 242.

ADOPTER UNE CHARTE DU LAC

La charte écologique du lac est une entente écrite par laquelle chaque propriétaire s'engage, sur une base volontaire, à adopter des pratiques respectueuses de l'environnement en vue de préserver les écosystèmes aquatiques et forestiers d'un territoire défini. Pour plus d'information, consulter : *Les aspects juridiques de la protection des lacs et des cours d'eau* à la page 243.

ACCEPTER LE PRINCIPE DE GESTION PARTAGÉE DU LAC PAR L'ASSOCIATION DES RIVERAINS ET LA MUNICIPALITÉ

Comme le démontre ce livre, ce sont tous les acteurs (résidants, entreprises, municipalités, etc.) d'un bassin-versant qui ont une influence sur la qualité des eaux des lacs. Il faut donc rechercher leur collaboration, plutôt que l'affrontement. Le partage de la gestion entre l'association des riverains et la municipalité, puisque cette dernière dispose de pouvoirs pour ce faire, est donc à privilégier. Pour plus d'information, consulter : *De nouvelles causes qui exigent une stratégie globale* à la page 40.

MODÉLISER LES IMPACTS PRÉVISIBLES DU DÉVELOPPEMENT À VENIR

Les concentrations de phosphore dans l'eau ont des effets différents d'un lac à l'autre. La modélisation permet d'établir le niveau critique de la concentration en phosphore pour chaque lac. Pour plus d'information, consulter : *À la découverte des algues bleues* page 67.

RECONNAÎTRE LE DROIT DE REGARD DE L'ASSOCIATION DES RIVERAINS SUR LES NORMES DE DÉVELOPPEMENT DANS LE BASSIN-VERSANT

Une fois qu'on a accepté le principe de gestion partagée du lac par l'association des riverains et la municipalité, on doit s'assurer que l'association des riverains a son mot à dire sur les normes de développement concernant tout le territoire du bassin-versant. Pour plus d'information, consulter : *De nouvelles causes qui exigent une stratégie globale* à la page 40.

ADOPTER UN PROGRAMME PERMANENT ET ÉVÉNEMENTIEL DE SUIVI ENVIRONNEMENTAL DU LAC

Plutôt que de pratiquer des suivis partiels ou d'établir un portrait à un moment donné (cote trophique), il est souhaitable de faire un suivi régulier pour bien prendre la mesure des fluctuations de conditions dans le lac. Pour plus d'information, consulter : *De nouvelles causes qui exigent une stratégie globale* à la page 41.

ADOPTER UN PLAN DE GESTION ENVIRONNEMENTAL DÉCENNAL DU LAC ET DE SON BASSIN-VERSANT

Un tel plan, établi sur une période de dix ans, favorise la restauration progressive des qualités environnementales du lac et de son bassin-versant tout en respectant le rythme de changement des habitudes et des mentalités des résidants, ainsi que la limite de dépenser de la communauté. Pour plus d'information, consulter : *De nouvelles causes qui exigent une stratégie globale* à la page 41.

RECOURIR À L'INTENDANCE PRIVÉE POUR PROTÉGER LES CARACTÉRISTIQUES NATURELLES DU TERRITOIRE

Il s'agit de l'engagement volontaire d'un propriétaire foncier à conserver des éléments naturels patrimoniaux (forêt, marais, tourbière, etc.) se trouvant sur sa propriété et dont la conservation présente un intérêt pour la collectivité. Pour plus d'information, consulter : *Les aspects juridiques de la protection des lacs et des cours d'eau* à la page 245.

PLANIFIER ET SIGNER DES ENTENTES DE CONSERVATION AFIN D'ACCROÎTRE LA SUPERFICIE DES AIRES PROTÉGÉES DANS LE BASSIN-VERSANT

Dans ce type d'entente, un propriétaire foncier et un organisme de conservation s'entendent pour assurer volontairement la conservation des attraits naturels que l'on trouve sur la propriété. Pour plus d'information, consulter : *Les aspects juridiques de la protection des lacs et des cours d'eau* à la page 246.

SOLUTIONS COLLECTIVES

En ce qui concerne l'environnement, les gestes posés individuellement ont des conséquences collectives. C'est pourquoi on doit y apporter des solutions qui font appel à l'engagement de la collectivité et qui sont, dans la mesure du possible, consensuelles.

PRENDRE CONSCIENCE DE SA PART DE RESPONSABILITÉ

Encore une fois, comme le démontre ce livre, ce sont tous les acteurs qui résident, ou travaillent, dans un bassin-versant qui ont une part de responsabilité dans la prolifération des algues bleues. Inutile donc de chercher à blâmer le ou les voisins. Il faut prendre conscience de sa part de responsabilité et changer ses comportements en conséquence.

DIAGNOSTIQUER LA RÉALITÉ DU BASSIN-VERSANT

Connaître les limites et les caractéristiques du bassin-versant où on habite, ou encore où on travaille, permet de prendre la mesure de ce qui fonctionne et de ce qui représente un problème. Cela permet aussi de mieux cibler ses propres solutions et les interventions communautaires à réaliser.

IDENTIFIER QUELLE EST RÉELLEMENT LA PART DE RESPONSABILITÉ DE TOUS LES ACTEURS

Après avoir identifié sa part de responsabilité, il est possible d'établir celle des autres pour permettre une priorisation des actions.

MIEUX S'INFORMER POUR MIEUX DIALOGUER

La santé des lacs et les problèmes reliés à la prolifération des algues bleues sont des sujets complexes. Pour bien les comprendre et pour pouvoir ensuite en débattre avec des acteurs aussi variés que nombreux, il faut être bien informé. La lecture de ce livre est déjà une bonne démarche.

DÉVELOPPER DES RÉFLEXES COLLECTIFS

Quand on doit faire face à un problème qui concerne la santé du lac, on doit avoir le réflexe d'en informer l'ensemble des acteurs (association de riverains, municipalités, etc.) afin de trouver des solutions communes.

RECHERCHER LE MEILLEUR CONSENSUS POSSIBLE

Que ce soit par l'entremise des associations de riverains, de la municipalité, ou de tout autre organisme, on doit rechercher un consensus dans les prises de décisions afin qu'elles aient de la valeur et qu'elles soient bien accueillies par l'ensemble de la population.

FAIRE PRESSION, SI NÉCESSAIRE, SUR LES BONS NIVEAUX DE GOUVERNEMENT

Collectivement, on ne doit pas sous-estimer le pouvoir des citoyens. Des moyens de pression bien ciblés et respectueux (manifestations, pétitions, etc.) permettent parfois de «forcer» les intervenants à développer un consensus.

SOLUTIONS POUR DÉVELOPPER LES ZONES DE VILLÉGIATURE

Au Québec, il est très rare que des règlements obligent les promoteurs immobiliers à tenir compte des impacts environnementaux lorsqu'ils développent de nouveaux projets. Pourtant, si c'était le cas, les répercussions reliées au ruissellement seraient beaucoup moins grandes.

ÉTABLIR UN PLAN DE DÉVELOPPEMENT QUI PROTÈGE LE LAC

Un tel plan permet d'intégrer un nouveau projet de développement immobilier à un milieu naturel avec un minimum de perturbations. Pour plus d'information, consulter : *Développer de façon durable les zones de villégiature* à la page 76.

CARACTÉRISER LE MILIEU NATUREL

Faire un inventaire des milieux naturels avant d'y intervenir permet d'établir ce qui a une grande valeur écologique et ainsi de le protéger. Pour plus d'information, consulter : *Développer de façon durable les zones de villégiature* à la page 77.

CARACTÉRISER LE RÉSEAU HYDROGRAPHIQUE

L'analyse du circuit de drainage de l'ensemble du bassin-versant permet de connaître le cheminement de l'eau sur le territoire et de réaliser des interventions qui ne nuisent pas à la santé des lacs. Pour plus d'information, consulter : *Développer de façon durable les zones de villégiature* à la page 78.

CARACTÉRISER LES SOLS

L'analyse des différents types de sols permet de déterminer leur nature (niveau de percolation, pente, degré de compaction, etc.). On peut ainsi délimiter les zones qui peuvent être développées sans risque et celles qui présentent des problèmes potentiels d'érosion. Pour plus d'information, consulter : *Développer de façon durable les zones de villégiature* à la page 79.

FAVORISER LES TENDANCES VERTES

Depuis quelques années, plusieurs approches de planification durable des projets de développement (LID, LEED, etc.) ont vu le jour. Suivre ces démarches permet de minimiser les impacts environnementaux des nouveaux projets. Pour plus d'information, consulter : *Développer de façon durable les zones de villégiature* à la page 76 et *La gestion des eaux sanitaires et des eaux pluviales* à la page 144.

FAIRE DE LA CONCERTATION

Un nouveau développement ne doit pas seulement être bien intégré au niveau environnemental, mais aussi aux niveaux social et réglementaire. Cela signifie qu'il doit faire consensus dans la communauté où il est implanté. Pour plus d'information, consulter : *Développer de façon durable les zones de villégiature* à la page 81.

PROPOSER UN PLAN D'ACTION GLOBAL

Lors de la mise en place d'un nouveau développement domiciliaire, il faut prendre en compte tous les aspects environnementaux afin de s'assurer d'une efficacité optimale de toutes les mesures mises en place. Pour plus d'information, consulter : *Développer de façon durable les zones de villégiature* à la page 82.

SOLUTIONS AUTOUR DES RÉSIDENCES

Plusieurs solutions concernant les résidants et leurs propriétés sont déjà connues (elles sont proposées à la fin de cette section). La grande « nouveauté » réside dans la bonne gestion des eaux de ruissellement.

ADOPTER LE PRINCIPE DE REJET « 0 » DES EAUX DE RUISSELLEMENT

Ce principe consiste à maintenir l'eau de drainage sur le terrain afin de maximiser la percolation. On y arrive en :

- contrôlant les eaux de ruissellement à la source ;
- accumulant la neige dans les endroits qui permettent la récupération des rejets ;
- gérant les eaux pluviales estivales ;
- ralentissant la vitesse d'écoulement des eaux de ruissellement ;
- orientant le sens d'écoulement des eaux de ruissellement ;
- pratiquant le drainage transversal ;
- installant des caniveaux avec grille ;
- contrôlant les points de destination des eaux de ruissellement ;
- installant des barils pour récupérer l'eau des gouttières ;
- privilégiant les toits verts ;
- utilisant du gravier pour recouvrir les allées véhiculaires ou les terrasses ;
- installant du pavé de béton « perméable » ;
- mettant en place les surfaces perméables de façon optimum ;
- réduisant les surfaces de pelouse au profit des plates-bandes ;
- envoyant l'eau dans les plates-bandes ;
- recouvrant les plates-bandes de paillis ou de couvre-sol ;
- maintenant les strates arbustives dans les espaces boisés ;
- planifiant et en mettant en place les ouvrages de captation tels que les fossés, rigoles, bandes filtrantes, zones en dépression, bassins de rétention, jardins pluviaux, marais filtrants, jardins tourbières ou des combinaisons des éléments épurateurs.

Pour plus d'information, consulter : *Contrôler le ruissellement autour des résidences*.

CONTRÔLER LES SYSTÈMES SEPTIQUES

Dans ce cas, il faut s'assurer :

- qu'ils sont efficaces ;
- qu'ils ne fuient pas. Si c'est le cas, on doit les réparer rapidement, notamment en utilisant la technique de la clé d'argile ;
- qu'ils sont entretenus régulièrement.

Pour plus d'information, consulter : *Contrôler le ruissellement autour des résidences* à la page 122 et *Les aspects juridiques de la protection des lacs et des cours d'eau* à la page 129.

NE PAS REJETER LES EAUX GRISES AU LAC

Ce type de rejets (eau des douches, des lavabos, etc.) ne doit jamais être envoyé directement au lac, mais transiter par le système septique ou tout autre équipement adéquat.

RÉDUIRE AU MINIMUM L'UTILISATION DE L'EAU COURANTE

Toute utilisation d'eau entraîne sa «contamination». Réduire, voire rationner, son utilisation doit être envisagé. Ce doit être particulièrement le cas lorsque le nombre de personnes présentes dans la résidence dépasse la capacité prévue du système septique.

GÉRER LES EAUX DE VIDANGE DES PISCINES

Comme elles sont contaminées, les eaux de vidange des piscines ne devraient jamais être déversées dans le lac. Il faut plutôt adopter de bonnes pratiques ou les envoyer dans des ouvrages de captation adéquats. Pour plus d'information, consulter: *Contrôler le ruissellement autour des résidences* à la page 114

GÉRER LES VUES SUR LE LAC

Dans ce cas, l'objectif est de minimiser les impacts négatifs sur la bande riveraine. Cela se fait:

- en veillant à la bonne implantation du bâtiment;
- en élaguant les branches basses des arbres plutôt que les abattre pour les vues;
- en sélectionnant les essences d'arbres adéquates.

Pour plus d'information, consulter: *Contrôler le ruissellement autour des résidences* à la page 120.

ORGANISER LES ACCÈS AU LAC

L'objectif est de minimiser les impacts que l'implantation de ces accès a sur la bande riveraine. Pour cela, on:

- implante en oblique les accès au lac afin de réduire la vitesse des eaux de ruissellement. Au besoin, on les réaménage;
- installe les quais à la bonne place;
- favorise (ou on oblige) l'utilisation d'un accès unique pour la mise en place des bateaux avec un système de nettoyage des coques.

Pour plus d'information, consulter: *Contrôler le ruissellement autour des résidences* à la page 121 et *De nouvelles causes qui exigent une stratégie globale* à la page 41.

FAIRE UNE BONNE UTILISATION RÉCRÉATIVE DU LAC

On respecte les règlements et les consignes émis par l'association des riverains. Si nécessaire, on fait réglementer l'utilisation des bateaux et autres équipements nautiques. Pour plus d'information, consulter: *Les aspects juridiques de la protection des lacs et des cours d'eau* à la page 213.

FAIRE UNE BONNE UTILISATION ÉCOLOGIQUE DU LAC

Cela consiste à respecter la végétation existante (herbiers, plantes aquatiques, etc.) et la faune qui habite le lac.

JARDINER ADÉQUATEMENT

Plusieurs gestes peuvent être posés. Notamment :

* arrêter totalement d'utiliser des engrais dans une bande de 30 mètres au bord du lac ;
* réduire au minimum, voire cesser, l'utilisation des engrais et des composts ;
* adopter les principes de la bonne plante à la bonne place (voir à ce sujet *Fleurs et jardins écologiques – L'Art d'aménager des écosystèmes* chez le même éditeur) ;
* adopter les principes de l'écopelouse (voir à ce sujet *L'écopelouse – Pour une pelouse vraiment écologique* chez le même éditeur) ;
* mettre des mycorhizes dans le sol afin de favoriser l'assimilation du phosphore par les plantes ;
* récupérer et épurer les lixiviats de compost ;
* arroser de manière à ce que les eaux de ruissellement ne soient pas entraînées dans le lac.

SOLUTIONS POUR LES MUNICIPALITÉS

La recherche de solutions pour les municipalités doit se faire sur plusieurs axes : la bonne identification des causes des problèmes observés, la recherche de consensus et la mise en place de règlements et leur application.

FAIRE PROCÉDER À LA CARACTÉRISATION DU TERRITOIRE

Il est primordial d'établir les caractéristiques du bassin-versant (parfois il y en a plusieurs) où se situe la municipalité afin d'en acquérir une connaissance adéquate avant de permettre le développement. Cette caractérisation peut se faire en collaboration avec les autres municipalités et les promoteurs œuvrant dans le bassin-versant.

IDENTIFIER ET PRÉSERVER LES MILIEUX NATURELS SENSIBLES DU BASSIN-VERSANT

Cette solution peut être mise en place avec la collaboration d'organismes (locaux, régionaux ou nationaux) voués à la protection de l'environnement.

REPENSER L'AMÉNAGEMENT DU TERRITOIRE EN VUE DE RÉDUIRE LES REJETS D'EAUX USÉES

La mise en place du principe de rejet « 0 » des eaux de ruissellement demande la révision de la réglementation. Pour plus d'information, consulter : *Développer de façon durable les zones de villégiature* à la page 75 et *Les aspects juridiques de la protection des lacs et des cours d'eau* à la page 228.

ADOPTER UNE STRATÉGIE DE DÉVELOPPEMENT DURABLE

L'adoption d'une telle stratégie envoie un message clair sur l'importance de la protection de l'environnement pour la collectivité locale. De plus, cela est susceptible d'inciter les acteurs (représentants municipaux, entrepreneurs, citoyens, etc.) à vérifier que les projets qu'ils développent respectent ces principes de développement.

Redéfinir les droits acquis en matière d'environnement

Il faut comprendre qu'il n'existe pas de droits acquis en matière de pollution de l'environnement. Les municipalités du Québec ont donc les pouvoirs nécessaires pour adopter des mesures réglementaires afin que ne perdurent pas des situations néfastes pour l'environnement. Pour plus d'information, consulter : *Les aspects juridiques de la protection des lacs et des cours d'eau* à la page 230.

Réviser les règlements d'urbanisme existants

Ceux-ci devraient être révisés afin de tenir compte de la capacité de support des écosystèmes que sont les lacs et les cours d'eau. À l'heure actuelle, il n'existe aucun règlement d'urbanisme qui, au Québec, tient réellement compte de la capacité de support des écosystèmes… avec les résultats que l'on connaît.

Mettre en place la réglementation municipale adéquate

En plus de réviser la réglementation existante, la municipalité peut être appelée à mettre en place de nouvelles réglementations afin de mieux gérer et protéger le patrimoine naturel. Pour plus d'information, consulter : *Les aspects juridiques de la protection des lacs et des cours d'eau* à la page 233.

Faire respecter les règlements municipaux

Pour plus d'information, consulter : *Les aspects juridiques de la protection des lacs et des cours d'eau* à la page 223.

Protéger les bandes riveraines existantes

Les municipalités ont le pouvoir de protéger les bandes riveraines existantes. Pour plus d'information, consulter : *Les aspects juridiques de la protection des lacs et des cours d'eau* à la page 228.

Obliger la restauration des bandes riveraines

Les municipalités ont le pouvoir d'obliger les riverains à restaurer les bandes riveraines qui ont été artificialisées. Pour plus d'information, consulter : *Les aspects juridiques de la protection des lacs et des cours d'eau* à la page 225.

S'assurer du bon fonctionnement des systèmes de traitement des eaux usées

Pour plus d'information, consulter : *La gestion des eaux sanitaires et des eaux pluviales* à la page 225.

Améliorer le rendement des réseaux d'égouts pluviaux existants

Pour plus d'information, consulter : *La gestion des eaux sanitaires et des eaux pluviales* à la page 141.

Contrôler les causes des débordements des réseaux unitaires

Pour plus d'information, consulter : *La gestion des eaux sanitaires et des eaux pluviales* à la page 142.

GÉRER LE PHOSPHORE DES REJETS DES EAUX SANITAIRES

Cette gestion peut se faire :

- en améliorant l'efficacité des systèmes de traitement du phosphore ;
- en installant des systèmes de déphosphatation dans toutes les usines d'épuration des eaux usées ;
- en exigeant que les installations septiques des résidences isolées soient munies de systèmes de traitement tertiaire permettant la déphosphatation des eaux usées.

Pour plus d'information, consulter : *La gestion des eaux sanitaires et des eaux pluviales* à la page 133.

CONTRÔLER DES INSTALLATIONS SEPTIQUES

Les municipalités ont la responsabilité de s'assurer de l'efficacité et du bon entretien des installations septiques. Pour plus d'information, consulter : *Développer de façon durable les zones de villégiature* à la page 122 et *Les aspects juridiques de la protection des lacs et des cours d'eau* à la page 219.

METTRE EN PLACE LA CONCEPTION BASÉE SUR LES CONDITIONS DE PRÉDÉVELOPPEMENT

Il s'agit de concevoir des ouvrages de gestion des eaux pluviales qui peuvent reproduire le plus possible les conditions qui avaient cours avant le développement urbain afin de ne pas perturber les cours d'eau récepteurs. Pour plus d'information, consulter : *La gestion des eaux sanitaires et des eaux pluviales* à la page 142.

PROMOUVOIR LES TENDANCES VERTES

Les municipalités devraient faire la promotion des approches de planification durable des projets de développement (LID, LEED, etc.). Pour plus d'information, consulter : *La gestion des eaux sanitaires et des eaux pluviales* à la page 144.

RÉGLEMENTER L'UTILISATION DES BARRIÈRES À SÉDIMENTS

Les municipalités devraient obliger tous les entrepreneurs et résidants à utiliser les barrières à sédiments lors des travaux de construction ou d'aménagements paysagers. Pour plus d'information, consulter : *La gestion des eaux sanitaires et des eaux pluviales* à la page 147.

RÉGLEMENTER LES DRAINS À DÉBIT CONTRÔLÉ

Pour plus d'information, consulter : *La gestion des eaux sanitaires et des eaux pluviales* à la page 145.

RETENIR ET ÉPURER L'EAU À LA SURFACE DES STATIONNEMENTS

Ces grandes surfaces imperméabilisées devraient faire l'objet d'une attention particulière et d'une réglementation adéquate. Pour plus d'information, consulter : *La gestion des eaux sanitaires et des eaux pluviales* à la page 145.

Privilégier les techniques qui favorisent la recharge de la nappe phréatique

Les municipalités devraient promouvoir et adopter des réglementations afin de favoriser la percolation de l'eau vers les nappes phréatiques. Pour plus d'information, consulter : *Développer de façon durable les zones de villégiature* à la page 102 et *La gestion des eaux sanitaires et des eaux pluviales* à la page 149.

Mettre en place les meilleures pratiques de gestion des eaux

Pour gérer leurs eaux de ruissellement, les municipalités devraient mettre en place des équipements comme : puits d'infiltration, marais artificiels, bassins d'orages, tranchées d'infiltration, désableurs-dégraisseurs, bassins de retenue, filtres à sable, baissières, bandes filtrantes et fossés végétalisés. Elles devraient promouvoir la foresterie urbaine et le débranchement des descentes pluviales. Pour plus d'information, consulter : *Développer de façon durable les zones de villégiature* à la page 102 et *La gestion des eaux sanitaires et des eaux pluviales* à la page 149.

Épurer les rejets liquides provenant des sites d'enfouissement

En aucun cas, les lixiviats des sites d'enfouissement ne devraient contaminer les lacs.

Gérer adéquatement les fossés

Les municipalités devraient réglementer ou pratiquer une bonne gestion des fossés (technique du tiers inférieur).

Réduire à l'essentiel le déglaçage des routes et filtrer les rejets

Après avoir étudié toutes les possibilités pour réduire l'utilisation des sels de déglaçage, là où c'est impossible, les municipalités doivent mettre en place des filtres de routes.

Demander aux municipalités d'améliorer leurs règlements sur les coupes forestières dans le bassin-versant

Les municipalités disposant de pouvoirs pour encadrer les coupes forestières sur les terrains privés, elles peuvent adopter des règlements qui favorisent une saine exploitation. Pour plus d'information, consulter : *Les forêts, leur aménagement et les algues bleues* à la page 107.

SOLUTIONS POUR LES FERMES

Dans le contexte actuel de l'exploitation agricole, le principal objectif est de réduire au minimum le ruissellement de l'eau vers les cours d'eau et les lacs.

Imperméabiliser les cours d'exercice

Toutes les fermes, même les plus petites, devraient s'assurer de l'étanchéité de ces équipements. Pour plus d'information, consulter : *Contrôler les fuites à la ferme* à la page 173.

CAPTER ET ÉPURER LES EAUX DE RUISSELLEMENT DES BÂTIMENTS ET DES STRUCTURES D'ENTREPOSAGE

Toutes les fermes, même les plus petites, devraient s'assurer que ces eaux ne contaminent pas les cours d'eau et les lacs. Pour plus d'information, consulter : *Contrôler les fuites à la ferme* à la page 173.

IMPLANTER DES PÂTURAGES ROTATIFS

L'utilisation de miniparcelles permet de faire une rotation du bétail dans les pâturages et de mieux contrôler la capacité de réception des sols. Pour plus d'information, consulter : *Contrôler les fuites à la ferme* à la page 174.

RESPECTER LA CAPACITÉ DE RÉCEPTION DES PARCELLES DE CULTURE

Une bonne connaissance des qualités physiques, chimiques et biologiques s'impose afin d'éviter de dépasser la capacité d'absorption des sols. L'application rigoureuse des PAEF permet d'atteindre cet objectif. Pour plus d'information, consulter : *Contrôler les fuites à la ferme* à la page 175.

UTILISER DES STRATÉGIES DE CONTRÔLE DE L'ÉROSION

On peut mieux protéger les sols contre l'érosion en :

• augmentant la perméabilité du sol ;

• contrôlant les déplacements de l'eau de surface ;

• protégeant les zones sensibles.

Pour plus d'information, consulter : *Contrôler les fuites à la ferme* à la page 176.

MINIMISER L'ÉPANDAGE DES MATIÈRES ORGANIQUES ET DES FERTILISANTS EN CONDITIONS MÉTÉOROLOGIQUES ADVERSES

Tous les agriculteurs devraient « gérer » le plus adéquatement possible ce risque en adoptant de bonnes méthodes de gestion. Pour plus d'information, consulter : *Contrôler les fuites à la ferme* à la page 182.

RESPECTER LA RÉGLEMENTATION

Cela est d'autant plus important qu'aujourd'hui la bonne application de la réglementation conditionne l'obtention de certaines subventions. Pour plus d'information, consulter : *Contrôler les fuites à la ferme* à la page 182.

SOLUTIONS POUR L'EXPLOITATION FORESTIÈRE

La propriété (80 % publics, 20 % privés) et le type d'utilisation (industriel, autochtone, pourvoyeur, villégiateur, etc.) exercent une influence importante sur la manière dont les forêts sont utilisées. Il faut rechercher à établir un consensus entre tous ces acteurs.

PRIVILÉGIER LES COUPES DE JARDINAGE

Là où les peuplements forestiers le permettent, on doit favoriser ce type de coupes. De plus, leurs impacts visuels sur le paysage sont minimisés. Pour plus d'information, consulter : *Les forêts, leur aménagement et les algues bleues* à la page 201.

Ne pas faire de coupe totale sur les pentes fortes

C'est la seule manière d'éviter de fortes érosions. Pour plus d'information, consulter : *Les forêts, leur aménagement et les algues bleues* à la page 202.

Utiliser les techniques de coupe et la machinerie adaptées au milieu

Avant même le début des travaux, il faut bien identifier la manière dont les coupes vont être menées et le type de machineries que cela requiert. Pour plus d'information, consulter : *Les forêts, leur aménagement et les algues bleues* à la page 200.

Contrôler les travaux de coupe et faire procéder aux correctifs

Les travaux de coupe ne doivent pas être entrepris n'importe comment et ils doivent être contrôlés par des personnes compétentes. Pour plus d'information, consulter : *Les forêts, leur aménagement et les algues bleues* à la page 203.

Conserver une bande tampon boisée le long des petits cours d'eau

Cette bande évite la contamination potentielle des cours d'eau par les sédiments. Pour plus d'information, consulter : *Les forêts, leur aménagement et les algues bleues* à la page 200.

Prévoir adéquatement les fossés de drainage des chemins forestiers et leur intégration aux cours d'eau

Il s'agit encore d'éviter la contamination potentielle des cours d'eau par les sédiments. Pour plus d'information, consulter : *Les forêts, leur aménagement et les algues bleues* à la page 200.

Protéger les sols sensibles du compactage et du creusage d'ornières par la machinerie

On emploie ici les techniques adéquates. Pour plus d'information, consulter : *Les forêts, leur aménagement et les algues bleues* à la page 200.

Prévoir des ponceaux adéquats pour traverser les cours d'eau

Comme il ne faut jamais traverser les cours d'eau avec la machinerie, cette règle s'impose. Pour plus d'information, consulter : *Les forêts, leur aménagement et les algues bleues* à la page 204.

Nettoyer les aires d'empilement des débris de coupe

À la fin des travaux il est important de nettoyer les chantiers d'exploitation afin qu'ils ne deviennent pas des sources de pollution. Pour plus d'information, consulter : *Les forêts, leur aménagement et les algues bleues* à la page 203.

Mettre en place des programmes de régénération et de reboisement

En favorisant la croissance du couvert végétal, on diminue le ruissellement des eaux lors de pluies, ce qui évite la contamination potentielle des cours d'eau et des lacs.

Au Québec, de plus en plus de riverains vivent avec le spectre d'un avis d'interdiction d'utilisation du lac relié aux algues bleues.

De nouvelles causes qui exigent une stratégie globale

Robert LAPALME

AU QUÉBEC, ces dernières années, depuis la montée en
«popularité» des algues bleues, les sites Internet, les brochu-
res, les articles de journaux s'appliquent à les montrer sous
leurs diverses formes et à expliquer leur fonctionnement.

On tente également de comprendre les raisons de leur
croissance subite et effrénée dans un nombre grandissant de
lacs que l'on croyait à l'abri de ce fléau puisqu'ils étaient loin
des sources polluantes, comme l'activité agricole, et qu'ils
sont peu habités.

Jusqu'à maintenant, les spécialistes ont surtout insisté sur
le rôle joué dans ce problème par le phosphore, principalement celui émis par l'agriculture, les engrais horticoles et les
installations septiques. Les solutions proposées allaient donc
dans le même sens, c'est-à-dire : le contrôle des engrais et des
produits phosphatés ainsi que l'aménagement de bandes riveraines autour des lacs et des parcelles agricoles.

Cependant, malgré les efforts consentis depuis près de
dix ans dans plusieurs bassins-versants, force est de constater que les résultats ne sont pas très encourageants. On peut
comprendre qu'il faudra plusieurs décennies pour voir les résultats, mais on s'explique mal comment la situation peut se
détériorer aussi rapidement au lieu de s'améliorer.

L'anecdote suivante illustre bien cette situation. Après
cinq années d'efforts soutenus chez les agriculteurs de la région de la baie Missisquoi pour adopter des pratiques agricoles
plus écologiques, les analyses d'eau de la baie montraient des
charges plus élevées en phosphore qu'avant l'application du
programme de contrôle de pollution diffuse.

De la même façon, de nombreux riverains sont perplexes devant l'apparition des cyanobactéries dans leurs lacs, alors qu'il n'y a pas de changements de pratiques dans le bassin-versant. Qu'est-ce qui explique ce phénomène si soudain et si important ? Pour le savoir, il faut pousser l'analyse. C'est le seul moyen d'identifier d'autres causes afin de mettre en place d'autres solutions.

De nouvelles causes identifiées

Depuis quelques années, à l'observation de ces nouveaux phénomènes, plusieurs spécialistes ont commencé à rechercher les causes de ces proliférations d'algues bleues. Certaines causes commencent à faire consensus.

L'augmentation de la température et la prolongation de la période de croissance

La croissance des plantes et des algues est conditionnée par trois facteurs :

- la quantité de nutriments ;
- la lumière ;
- la température.

La lumière et les nutriments sont deux éléments essentiels. Ainsi dans la partie profonde d'un lac, même si l'eau est riche en nutriments (phosphore et azote) les plantes et les algues ne peuvent se former, car l'eau est trop sombre et la lumière ne peut y pénétrer. Dans le cas des lacs oligotrophes où la lumière pénètre en profondeur, les algues et les plantes ne peuvent pas pousser, car il n'y a pas assez de nutriments.

La température est un facteur qui agit non pas de façon limitative sur la croissance des algues, mais plutôt sur sa rapidité. En effet, elles sont capables de se développer en eau froide, près du point de congélation, alors qu'elles croissent également dans les couches d'eau chaude d'un lac qui peuvent atteindre 30 °C. Dans les faits, l'augmentation de la température de l'eau active le métabolisme des organismes aquatiques. Lorsque la température

Oligotrophe

Se dit d'un lac qui contient peu de minéraux à tel point que les algues et les plantes aquatiques ne peuvent s'y développer.

Plusieurs lacs, même s'ils sont situés loin des zones d'activités humaines, sont aux prises avec des proliférations d'algues bleues.

Le fait que l'eau des lacs gèle quelques semaines plus tard à l'automne et dégèle quelques semaines plus tôt au printemps prolonge la période sans glace.

Apports anthropiques

Sédiments et matières organiques générées par l'activité humaine. Ils proviennent généralement des fossés, des terres agricoles et des terrains résidentiels.

Productif

Se dit d'un lac qui contient une grande concentration en nutriments, ce qui favorise la croissance d'une quantité importante d'algues et de plantes aquatiques.

de l'eau s'accroît, les plantes et les algues assimilent plus facilement les nutriments et se développent donc plus rapidement.

La rapidité de croissance d'une plante qui possède des racines, des feuilles et des tiges, telle qu'un nénuphar, et qui se reproduit sur une période d'environ un mois est plus difficile à percevoir. Par contre, les algues, qui sont capables de se multiplier sur une période de 24 h, peuvent provoquer des fleurs d'eau qui sont faciles à observer. Les propriétaires de piscine le voient bien lorsque la coloration verte de l'eau s'intensifie rapidement s'ils interrompent les traitements aux algicides.

Les riverains et les gens dont les activités sont soumises à la température (pêcheurs à la pêche blanche, gestionnaires de barrage, agriculteurs, horticulteurs, etc.) observent depuis quelques années le rehaussement de la température des lacs. Ils ont noté que depuis 1995 le sol des rives et l'eau des lacs gèlent quelques semaines plus tard à l'automne et dégèlent quelques semaines plus tôt au printemps. Le prolongement de la période sans glace, qui a pour conséquences l'accroissement du laps de temps où la lumière pénètre dans le milieu aquatique, permet aux plantes et aux algues de croître plus abondamment. C'est particulièrement le cas dans les lacs riches en nutriments.

De plus, ce phénomène est accentué par le fait qu'un accroissement des températures augmente la stabilité et la durée de la stratification dans la colonne d'eau, ce qui a pour effet de favoriser la prolifération des algues bleues.

L'observation de ces variations dans les températures pose l'hypothèse que les lacs du Québec, qui sont à l'abri des **apports anthropiques**, ont accumulé, depuis des milliers d'années, du phosphore naturel dans leurs sédiments. Pendant longtemps, les longues périodes de gel agissaient comme un frein au développement des algues et des plantes. Ce n'est plus le cas aujourd'hui. Avec la saison de croissance qui allonge, ces lacs deviennent plus **productifs**.

Cette hypothèse reste à être vérifiée scientifiquement, mais compte tenu du lien démontré entre la température et le métabolisme, on peut d'ores et déjà affirmer qu'elle est plausible.

Au rythme où vont les choses, le principe de précaution en environnement devrait s'appliquer, c'est-à-dire qu'on devrait prendre des mesures immédiates pour réduire les sources de réchauffement de l'eau autour du lac, mais aussi dans tout le **bassin-versant**. S'il est difficile d'agir rapidement sur les changements climatiques, il est possible d'identifier les sources locales de réchauffement de l'eau et il est facilement envisageable de les corriger.

Les exemples de sources de réchauffement de l'eau sur lesquelles on peut agir localement sont nombreux. En voici quelques-uns :

Bassin-versant

Ensemble du territoire : terres agricoles et forestières, secteurs industriels, zones urbaines, ainsi que les lacs et les cours d'eau, qui se drainent dans un lac, qui est le réservoir le plus bas de la région.

- la navigation de plaisance. On sait que la couche d'eau chaude en surface du lac est moins dense et flotte sur les couches froides du fond sans s'y mêler. Le brassage excessif de cette couche d'eau supérieure du lac par un trop grand nombre d'embarcations puissantes peut accélérer le réchauffement des couches froides du fond. Il faut noter que dans certaines conditions particulières ce brassage peut avoir l'effet inverse ;

*La navigation de plaisance
peut avoir un effet négatif
sur la santé des eaux d'un lac.*

La disparition du couvert forestier sur le bord d'un lac a des effets néfastes sur la qualité de l'eau.

Les coupes totales peuvent avoir de graves conséquences pour les lacs qui sont situés dans le bassin-versant.

- la disparition du couvert forestier. Les terrains dépourvus d'arbres se réchauffent au soleil. Lorsqu'il pleut, l'eau qui tombe se réchauffe au contact du sol de surface et des terrains gazonnés, puis ruisselle directement dans le lac ou y est acheminée par les fossés et les ruisseaux;

- la coupe intensive des forêts. Dans le cas des coupes à blanc, les sols sans protection se réchauffent et les eaux qui y ruissellent deviennent sensiblement plus « chaudes » puis s'écoulent dans les lacs et les cours d'eau;

- le développement urbain intensif. Les rives de plusieurs lacs de villégiature ont connu des développements urbains intensifs. Les surfaces piétonnières, les stationnements, parfois immenses, les rues, les toits, enfin toutes les surfaces imperméables exposées au soleil sont devenues autant de « capteurs » d'eau chaude. Que ces eaux de ruissellement soient dirigées en surface ou dans des conduites souterraines, quand elles aboutissent dans le lac, elles le réchauffent;

- les sols agricoles sans cultures. Certaines parcelles de terre agricole restent sans végétation durant plusieurs semaines. Elles se réchauffent et l'eau qui y ruisselle, avant d'arriver aux cours d'eau puis aux lacs, se réchauffe à son tour.

L'eau qui ruisselle sur les sols agricoles laissés trop longtemps à nu a tendance à se réchauffer.

En imperméabilisant les sols, l'urbanisation contribue à une modification majeure du cycle de l'eau.

Du phosphore qui vient de loin

Avec la prolifération des algues bleues, les plans d'action mis de l'avant par le gouvernement et les municipalités sont presque exclusivement centrés sur la largeur des bandes riveraines. À tel point qu'on en oublie toutes les autres sources d'apport en provenance du bassin-versant.

Une partie de l'eau qui coule dans ce fossé va aboutir dans un lac, même si celui-ci est situé à plusieurs kilomètres.

Il est utile de rappeler que le phosphore migre en surface et vient d'aussi loin que les limites de son bassin-versant. Dans bien des cas, il s'agit de plusieurs kilomètres de distance entre la source polluante et le lac. Ainsi, la pelouse ou la parcelle agricole en culture, situées à plusieurs kilomètres du lac et qui ont été fertilisées, libèrent du phosphore qui est ensuite transporté par les eaux de ruissellement jusque dans le bassin le plus bas de la région, le lac.

Par cet exemple, on comprend facilement que la bande riveraine ne devrait pas se limiter aux terrains en bordure du lac, mais qu'elle devrait plutôt être généralisée à tous les terrains qui sont situés dans le bassin-versant et dont les eaux de surface ruissellent dans les fossés et les conduites pluviales. En fait, la quantité de phosphore qui se déverse directement dans le lac par un tuyau ou un fossé de route est tout aussi polluante que celle en provenance des terrains riverains.

Les engrais, phosphatés ou azotés, qu'on utilise en grande quantité sur les pelouses résidentielles finiront, tôt ou tard, par aboutir dans les eaux d'un lac.

Les terrains de ville sont encore abondamment fertilisés et, bien que cela soit interdit, traités avec des pesticides. Si plusieurs villes ont réglementé l'utilisation des pesticides (du moins, c'est ce qu'elles prétendent, mais on sait que les moyens de contrôle sont souvent inexistants), bien peu limitent l'épandage des engrais, source d'azote et de phosphore. Pour mesurer l'ampleur du problème, il est facile d'observer les tonnes d'engrais ensachées qui sont empilées dans les jardineries et les grandes surfaces chaque printemps.

Une fois que ces engrais sont épandus, les eaux de pluie qui lessivent les terrains se chargent de phosphore et d'azote. Ces eaux de ruissellement prennent alors le chemin des conduites souterraines qui se déversent directement dans le fleuve, la rivière ou le lac... à des kilomètres de la source polluante.

Dans les faits, les résidants qui sont situés loin du fleuve, des grands lacs, comme le lac Saint-Pierre, le lac Saint-François, le lac Saint-Louis et tant d'autres, ne sont pas conscients que leurs pratiques sont polluantes parce qu'ils ne sont pas témoins des dommages qu'ils causent. Pourtant, toutes les eaux de ruissellement que leur terrain génère influencent, tôt ou tard, la santé des lacs.

Il se vend encore de très grandes quantités d'engrais dans les centres horticoles.

Les sédiments pollués ont un effet à long terme sur la qualité de l'eau.

Des sédiments pollués

Plusieurs personnes pensent, à tort, que les particules de terre et de sable qui sont transportées par les eaux de pluie brouillent l'eau momentanément, mais que lorsque l'eau est redevenue claire, elles n'ont plus d'effets sur la qualité de l'eau du lac. En fait, c'est faux, car ces sédiments représentent une source majeure de pollution pour le lac.

L'affirmation qui dit que le phosphore migre en surface prend tout son sens avec le problème des sédiments. En effet, le phosphore s'agrippe à la surface des particules de sol, qui sont elles-mêmes charriées par l'eau de ruissellement dès que les précipitations sont suffisamment fortes pour faire décoller la terre de surface.

Qu'il s'agisse de travaux d'excavation, de constructions domiciliaires ou commerciales, d'ouvrages qui relèvent du génie civil (route, ponts, etc.), de réalisations d'aménagement paysager ou encore de pistes de véhicules tout terrain, si aucune mesure de contrôle des sédiments n'est appliquée, ceux-ci sont automatiquement acheminés dans les lacs du bassin-versant. Bien entendu, ces sédiments, charriés par les eaux de ruissellement, sont chargés de phosphore… qui aboutit dans le lac lui aussi.

QUANTITÉ DE SOL PERDUE PAR ANNÉE PAR HECTARE SELON LE TYPE D'ACTIVITÉ

- Sol forestier : 6 à 110 kg/ha
- Surface urbaine développée : 32 à 160 kg/ha
- Surface urbaine en développement : 92 à 2 200 kg/ha
- Parcelle agricole : 5 000 à 10 000 kg/ha
- Site en construction : 550 à 92 800 kg/ha

Lors d'une construction, quelle qu'en soit la nature, on devrait prendre des mesures afin de minimiser l'érosion.

L'eau de pluie mélangée aux eaux sanitaires

Dans plusieurs municipalités les stations d'épuration ne sont pas conçues pour traiter tous les types d'eaux usées. Le plus souvent, leurs performances sont très limitées. Plusieurs polluants sont alors tout simplement rejetés dans les cours d'eau... qui s'écoulent inévitablement dans un lac.

Dans certaines municipalités, les conduites pluviales et les égouts sanitaires sont combinés (alors qu'ils devraient être séparés). C'est ainsi qu'après une forte pluie, le volume des eaux usées qui passent dans une station d'épuration dépasse la capacité de traitement de l'usine. Dans ces conditions, les gestionnaires choisissent de déverser les eaux usées, phosphore y compris, dans les cours d'eau sans aucune forme de traitement.

Certaines villes décident parfois d'économiser en ne traitant pas le phosphore l'hiver, puisque les algues ne poussent pas sous la glace.

Rejeter les eaux usées directement dans un cours d'eau ou un lac est une «économie» qui, à long terme, coûte extrêmement cher.

La désuétude des installations et les erreurs de construction sont explicables et connues. Toutefois, taire cette réalité, comme on le fait encore trop souvent, ne fait que retarder les actions de restauration, ce qui crée des dommages irréparables à l'environnement. Le laxisme dans la gestion des infrastructures publiques est donc condamnable. C'est pourquoi les gestionnaires de lac ne doivent jamais ménager leurs efforts pour vérifier, ou faire vérifier, les stations d'épuration des eaux usées présentes dans le bassin-versant. Ils devraient aussi s'intéresser au protocole de gestion municipale de ces usines.

La gestion de la forêt

Au Québec, l'exploitation des forêts est soumise à la *Loi sur les forêts*. Les règlements sur la coupe de bois doivent tenir compte de la capacité de la forêt à se régénérer. La méthode de coupe doit correspondre aux particularités de chaque bassin-versant. Qu'en est-il dans la réalité ? Les constatations sur le terrain montrent que, si la réglementation est adéquate, son application ne semble pas être faite.

Si elles sont mal gérées, les opérations forestières peuvent avoir des impacts très négatifs sur la qualité des eaux du lac.

Pas besoin d'être un spécialiste pour remarquer les ornières créées par le passage de la machinerie. La coloration noire de l'eau accumulée dans celles-ci est due à la charge d'acides humiques issus de la décomposition des matières organiques. Par ruissellement et infiltration, cette eau va contaminer les ruisseaux qui vont finalement se déverser dans le lac.

En fait, il est facile d'observer le changement de couleur de l'eau à la suite d'une coupe forestière sévère, ou sur sol dégelé, pratiquée dans le bassin-versant. Cela est dû aux talus mis à nu par le passage de la machinerie et aux bouleversements de sol qui favorisent la migration des sédiments vers les cours d'eau et ultimement dans le lac. Ces dégâts, sans compter la détérioration des sentiers, du paysage et de l'habitat faunique, ne sont généralement pas réparés après une exploitation. Cette situation fait perdurer les problèmes dans le temps.

Il faut savoir aussi que les aires dénudées par le passage de la machinerie pour accéder aux arbres ne sont pas comptabilisées dans les surfaces coupées. Une coupe de jardinage où l'on prélève un faible pourcentage des tiges, si elle est mal pratiquée, peut quand même laisser des trouées importantes après le passage des engins mécaniques. Ainsi, même les coupes réduites peuvent devenir des sources de pollution et favoriser le réchauffement des eaux des lacs.

Dans cette perspective on comprend que certains lacs, à cause de leur petit volume d'eau et du sol instable de leur bassin-versant, sont très vulnérables. Dans ces bassins-versants on devrait donc étudier la possibilité d'interdire toutes coupes, aussi bien intensives que jardinières. La gestion de ces lots forestiers devrait alors être assumée sur une autre base que celle des revenus de récolte. Elle devrait impérativement et prioritairement prendre en compte la protection du lac, la gestion du tourisme et la sauvegarde du paysage.

La gestion agricole

Les exploitants agricoles ont été les premiers à être pointés du doigt par les organismes de bassin-versant lorsque ceux-ci ont été créés. Malgré cela, les choses évoluent lentement. Même si, dans les régions d'activités intenses, des regroupements d'agriculteurs soucieux de l'environnement se sont mobilisés, il y en a encore trop qui résistent pour entraîner des améliorations notables de la qualité de l'eau.

Dans les régions de la plaine du Saint-Laurent, où la culture est intense, plusieurs actions ont été menées. Toutefois, les résultats sont peu probants, car la charge polluante est encore trop importante. En fait, les bandes riveraines sont encore trop étroites. Ce qui signifie que la charge accumulée de phosphore sur les terres continuera de polluer encore durant des décennies si des mesures draconiennes ne sont pas adoptées pour épurer l'eau avant qu'elle ne quitte les parcelles cultivées.

Dans les régions où l'agriculture est une activité secondaire, les exploitants sont souvent peu informés des mesures de **mitigation**. Les fermettes, les centres équestres, les pépinières, les centres horticoles, les terrains de golf, les éleveurs de truites en lacs privés n'exercent, la plupart du temps, aucun contrôle sur leurs rejets. Ce sont toutes là des sources de pollution qui, additionnées les unes aux autres, mettent en péril de façon majeure la santé de plusieurs lacs.

Mitigation

Action par laquelle on adoucit ou on atténue un problème.

Comme elles sont chargées d'engrais, les eaux de ruissellement d'un golf ne devraient jamais aboutir dans un lac.

Le phosphore produit par la fosse du lac

Les lacs sont habituellement pourvus d'une ou de plusieurs zones d'eau profonde qu'on appelle la fosse. Au fond de la fosse, l'eau reste froide toute l'année. Elle est donc plus dense et plus lourde que l'eau chaude de surface bien pourvue en oxygène. Sauf aux épisodes du retournement des eaux, il n'y a généralement pas de mélange entre ces deux zones. On a toutefois observé un phénomène inquiétant dans ces fosses.

En effet, les matières organiques (débris d'algues et de feuilles mortes) qui s'y sont accumulées au fil des ans contiennent du phosphore. Les microorganismes qui décomposent ces matières organiques consomment l'oxygène présent dans la couche d'eau froide. Cependant, au fur et à mesure que l'été avance, l'oxygène vient à manquer dans cette couche d'eau. Or, en absence d'oxygène (anaérobie), le phosphore des sédiments est libéré dans l'eau (alors qu'en présence d'oxygène il est séquestré dans les sédiments). Il redevient donc disponible pour la croissance des algues.

Cette observation signifie que, même si l'arrivée de phosphore en provenance du bassin-versant est faible dans certains lacs, la fosse libère l'ancien phosphore accumulé et le remet de nouveau en suspension chaque année. Lorsque le phosphore atteint les couches chaudes et éclairées, les algues l'utilisent pour leur croissance. C'est à ce moment-là qu'on voit apparaître des fleurs d'eau.

UNE PISTE DE SOLUTION

Lors d'une période d'anaérobie, l'injection d'oxygène dans le fond de la fosse est une technique à considérer.

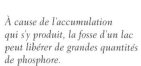

À cause de l'accumulation qui s'y produit, la fosse d'un lac peut libérer de grandes quantités de phosphore.

L'azote joue un rôle important dans la croissance des algues et des plantes aquatiques.

L'azote sous toutes ses formes

L'azote est un autre élément très important dans la croissance des plantes et des algues. Le phosphore étant un facteur limitant, l'accent a été porté principalement sur le contrôle de cet élément. Cette stratégie, quoique toujours pertinente, ne doit pas faire oublier le rôle primordial que joue l'azote. Un bel exemple de ce piège a été donné tout récemment par l'industrie horticole qui propose des engrais sans phosphore, laissant entendre sans danger pour les cours d'eau... ce qui est faux.

C'est bien connu, les plantes et les algues ne peuvent croître sans la présence d'azote et de phosphore. Si la plante est stimulée par une matière azotée (engrais), elle doit puiser le phosphore dont elle a besoin dans le sol. Ce faisant, le phosphore du sol (que l'on souhaite qu'il y reste séquestré) se retrouve tout autant dans les tissus de la plante. Il sera donc libéré (pour ainsi dire remis en service) dans le milieu aquatique lors de la décomposition des tiges et des feuilles à l'automne et au printemps suivant. Il faut garder à l'esprit que, si un engrais est vendu pour ses vertus à nourrir les végétaux, il sert, tôt ou tard, à alimenter les algues.

Dans la recherche d'explications à la prolifération soudaine des algues bleues, on évoque également les sources de pollution atmosphérique par l'azote. On pointe du doigt les oxydes d'azote produits par les moteurs à deux temps, les véhicules tout terrain, les motoneiges, les tondeuses à essence, etc., ainsi que ceux provenant du raffinage des sables bitumineux. Si leur mise en cause n'a pas été faite de source sûre, il existe quand même de grandes présomptions. Il y a en effet de grandes chances, qu'à l'instar des engrais sans phosphore, l'azote atmosphérique, qui est précipité dans les lacs par les pluies et la neige, stimule la croissance des plantes et des algues qui peuvent trouver le phosphore manquant directement dans le milieu aquatique.

Les pollueurs

Pour chaque source de pollution anthropique, il y a un pollueur. Dans certains cas, il suffit de le sensibiliser, de l'informer et de lui proposer des changements de pratiques. D'autres pollueurs sont fermés aux changements et refusent de reconnaître les dommages qu'ils causent à l'environnement.

Les délinquants se trouvent de tous les milieux, sur le lac et dans le bassin-versant. Ce sont autant des agriculteurs, des forestiers, des entrepreneurs en construction ou en aménagement paysager, des gestionnaires municipaux, des responsables d'espaces verts, des directeurs de terrains de golf, des patrons de terrain de camping, que des horticulteurs, des entrepreneurs, des riverains, des touristes, etc. Ces pollueurs, qui agissent directement ou indirectement, font partie du problème. Il faut en tenir compte dans les moyens que l'on met en place pour mieux gérer l'environnement.

Les infractions aux lois sur la qualité de l'environnement sont encore trop nombreuses.

Pour cela plusieurs outils existent. Malheureusement, au Québec, les mesures législatives de protection de l'environnement, si elles sont bien faites, sont souvent mal appliquées. Pour preuve, de nombreux gestes, en contravention de ces lois, sont posés fréquemment au vu et au su de tous sans qu'ils soient sanctionnés.

Il faut aussi noter que plusieurs élus municipaux n'utilisent pas, à bon escient, leur pouvoir de réglementer et que certains gestionnaires municipaux ne mettent pas en œuvre leur capacité à faire appliquer les règlements.

Une stratégie globale à court, moyen et long terme

Toutes les sources de pollution évoquées précédemment ne trouveront pas de solutions par la mise en place de quelques moyens sommaires, comme l'élargissement de la bande riveraine de quelques mètres ou l'interdiction de savons phosphatés. Quoique nécessaires, ces mesures sont nettement insuffisantes.

En fait, les causes qui sont évoquées dans les pages précédentes montrent bien la multiplicité et la diversité des sources polluantes et indiquent l'importance d'adopter une stratégie globale à court et long terme.

Le problème nécessite des changements majeurs dans les habitudes de vie, ainsi que dans la façon d'occuper et d'exploiter le territoire. Il commande également des investissements importants et beaucoup de temps puisque ces changements ne peuvent s'exercer en l'espace de quelques années. De plus, le coût des services spécialisés et la rareté de l'expertise constituent en soi un frein à la gestion structurée des lacs.

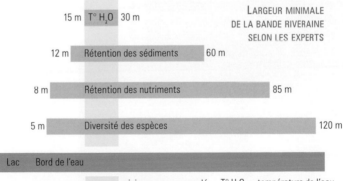

LARGEUR MINIMALE DE LA BANDE RIVERAINE SELON LES EXPERTS

15 m   T° H₂O   30 m

12 m   Rétention des sédiments   60 m

8 m   Rétention des nutriments   85 m

5 m   Diversité des espèces   120 m

Lac   Bord de l'eau

minimum recommandé   T° H₂O = température de l'eau

Source : Ministère du Développement durable, de l'Environnement et des Parcs

Dans ce contexte, je crois qu'il est pressant d'adopter, pour chaque lac, des principes d'action, un programme de suivi environnemental permanent et un plan de gestion environnemental avec un échéancier de dix ans. Afin de favoriser l'engagement de la population, la responsabilité des associations à gérer les lacs en partenariat avec la municipalité devrait être reconnue.

Les principes d'action

On peut cibler cinq actions.

ACTION N° 1 : Reconnaître le lac comme un écosystème à gérer et à protéger.

La *Politique nationale de l'eau* adoptée par le gouvernement du Québec reconnaît les lacs et les milieux humides comme des écosystèmes à protéger.

ACTION N° 2 : Reconnaître le principe de gestion partagée du lac par l'association des riverains et la municipalité.

La municipalité, par son pouvoir de réglementation, et les résidants du bassin-versant, par leur engagement, sont les acteurs de première ligne pour partager la gestion du lac et participer au suivi de son état.

ACTION N° 3 : Reconnaître le droit de regard de l'association des riverains sur les normes de développement concernant tout le territoire du bassin-versant.

Il suffit parfois de quelques individus pour créer une association de riverains d'un lac.

La *Politique nationale de l'eau* reconnaissant le principe de gestion par bassin-versant, l'association des riverains devrait pouvoir intervenir sur le tourisme, les activités aquatiques, l'aménagement des terrains, l'agriculture, le transport, la gestion des infrastructures routières et des espaces publics, les communications, la forêt, le secteur industriel et commercial ou toutes autres activités qui peuvent affecter le lac. Les normes de construction en ce qui concerne les rejets pluviaux des commerces ou des résidences, les infrastructures touristiques, le contingentement des activités touristiques, les pratiques agricoles, la gestion des sédiments lors des travaux de sol sont toutes des sources potentielles de pollution pour lesquelles les gestionnaires du lac devraient pouvoir agir soit pour la mise en place, soit pour le respect de normes.

*ACTION N° 4 : Adopter un programme permanent
et événementiel de suivi environnemental du lac.*

La connaissance du lac passe par un suivi régulier, permanent et événementiel puisqu'il s'agit d'un écosystème en évolution constante qui est influencé par les activités anthropiques exercées sur le lac et dans son bassin-versant.

*ACTION N° 5 : Adopter un plan de gestion
environnemental décennal du lac
et de son bassin-versant.*

Chaque bassin-versant et chaque lac ayant ses particularités, un plan d'action global à long terme, incluant tous les secteurs d'activité, devrait être établi et servir d'outil de travail aux gestionnaires du lac.

Les actions n° 1, n° 2 et n° 3 sont acquises ou partiellement acquises. Il en va différemment des actions n° 4 et n° 5, soit le programme de suivi environnemental permanent et le plan de gestion environnemental du lac.

Le programme de suivi environnemental permanent du lac

Un programme de suivi environnemental du lac inclut beaucoup plus que quelques mesures du phosphore et de la transparence de l'eau par année. C'est aussi beaucoup plus qu'une simple évaluation de la **cote trophique** du lac comme il est souvent proposé par des firmes spécialisées. La cote trophique donne une photo ponctuelle de l'état du lac. C'est intéressant, mais coûteux et limitatif. C'est un peu comme un examen complet fait par un médecin et qui lui permet de dire que l'âge chronologique d'un corps correspond, ou pas, à son état de santé.

Le suivi régulier

Je crois davantage à des suivis constants, toutes les deux ou trois semaines, qui mesurent plusieurs paramètres comme la saturation de l'eau en oxygène, l'acidité, le phosphore, la transparence, la coloration, la température, etc. En fait, il est important pour comprendre l'évolution annuelle du lac afin de bien identifier à quel endroit et à quel moment l'oxygène vient à manquer ou comment change la température selon les endroits du lac. Il est aussi important de mesurer la saturation

Cote trophique

Indice qui prend en compte les spécificités du lac et les résultats obtenus lors de la mesure de plusieurs paramètres (transparence, chlorophylle de type « a » et phosphore total) afin d'en évaluer le degré de productivité biologique.

en oxygène entre le jour et la nuit dans les herbiers. Il est également utile de mesurer l'oxygène de la fosse et la charge en phosphore de l'eau dans les périodes anaérobies.

Ces données permettent d'établir une stratégie d'action pour restaurer la qualité de l'eau. Les mesures permettent aussi de mieux comprendre la dynamique du lac et son évolution dans le temps. Elles sont nécessaires pour comparer les résultats d'une année à l'autre afin d'évaluer la situation (en termes d'amélioration ou de dégradation) et d'apprécier si les actions de protection portent fruit.

Le suivi des événements

Les événements ponctuels qui surviennent dans la vie d'un lac sont de très bons indicateurs qui peuvent aider à mieux choisir ou à affiner les actions. Par exemple, il est très révélateur de mesurer l'épaisseur des couches de température de l'eau avant et après quelques jours d'activités aquatiques intenses. Si les résultats démontrent un réchauffement de l'eau, il est plus facile de convaincre les plaisanciers de réduire la puissance ou la quantité des bateaux. La mesure de transparence de l'eau après des activités aquatiques permet de déterminer les limites qu'il faudra imposer à la navigation.

Après une forte précipitation, il est utile de mesurer les coliformes et la charge en phosphore à la décharge des ruisseaux et des fossés dans le lac. Si les taux sont anormalement élevés, on peut alors remonter progressivement dans le cours d'eau afin d'identifier la source précise de pollution. Ces mesures exigent du temps (généralement une fois par mois) pour échantillonner et parfois des années pour identifier les sources de pollution.

Des suivis constants permettent de bien connaître l'état du lac.

Si on fait appel à des entreprises spécialisées, les coûts associés à ces services sont exorbitants pour la majorité des associations de lac. Cependant, une partie du travail, l'échantillonnage et la compilation des données, peut être assumée par des riverains bénévoles. Avec une formation de base, quelqu'un d'inexpérimenté peut apprendre comment prendre les échantillons. Comme plusieurs associations comptent dans leurs membres des scientifiques retraités, très intéressés par ce genre de travail, cela pose rarement problème.

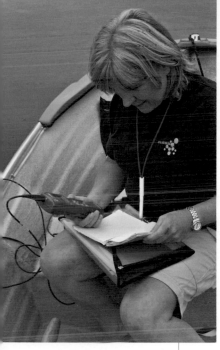

Avec une formation simple, il est facile d'utiliser un oxymètre.

Le plan de gestion environnemental du lac doit prendre en compte tous les aspects des activités qui s'y déroulent.

Un consultant spécialisé peut être engagé pour faire l'analyse des données, un peu à la manière des firmes comptables qui offrent le service d'analyse et de bilan financier annuel.

Une trousse d'instruments de mesure fiables et faciles à manipuler, composée d'un oxymètre, d'un pH-mètre, d'une bouteille d'échantillonnage en eau profonde et d'un disque Secchi, peut être achetée pour environ 2 000 $.

Des analyses en laboratoire pour le phosphore compléteront l'étude des différents paramètres.

D'autre part, le consultant qui a formé les représentants de l'association et qui les supervise en cours d'année peut, à différents moments de l'année, prendre part à des rencontres avec les membres, assister l'association dans ses actions de contrôle de sources de pollution, représenter l'association dans diverses démarches auprès des gouvernements, etc. Le consultant qui suit un lac durant plusieurs années devient un excellent guide pour les membres et le coût de ses services ainsi utilisés est à la mesure des moyens de ses clients.

Le plan de gestion environnemental du lac

Les activités qui ont lieu sur le lac et dans son bassin-versant sont multiples et concernent plusieurs secteurs. On parle généralement du développement domiciliaire et commercial; des activités récréotouristiques comme la pêche, la navigation de plaisance, les sentiers de randonnée, les plages publiques; des travaux routiers; de l'aménagement et l'entretien des terrains riverains, mais aussi de toutes les activités faites dans le bassin-versant du lac (sentiers équestres, sentiers de VTT, etc.).

Un plan de gestion environnemental du lac établi sur une période de dix ans favorise la restauration progressive de la qualité du lac et de son bassin-versant tout en respectant le rythme de changement des habitudes et des mentalités des résidants ainsi que la limite de dépenser de la communauté.

Dans les faits, le plan de gestion ne se substitue pas aux diverses instances qui sont officiellement mandatées pour gérer chaque secteur (construction, tourisme, etc.), mais il intervient pour influencer les normes afin que celles-ci permettent une protection adéquate du lac. Il constitue un outil de travail et de prévention privilégié pour le développement dans le bassin-versant.

Le plan de gestion environnemental peut proposer des objectifs à court, moyen et long terme sur plusieurs problématiques. Voici celles qui influencent particulièrement la prolifération des algues bleues.

Pour la qualité de l'eau

1) **Programme de suivi environnemental du lac**

La mise en place d'un tel programme nécessite l'achat d'instruments de mesure, les coûts des services d'un laboratoire, la formation des échantillonneurs, l'établissement des stations d'échantillonnage, le calendrier d'échantillonnage et la prescription des paramètres à suivre. Chaque année une analyse des résultats devrait être réalisée afin d'ajuster le plan d'action pour les années suivantes.

2) **Caractérisation de tous les points de pollution diffuse et ponctuelle du bassin-versant qui affectent le lac**

Un plan de gestion passe par l'identification de toutes les sources de pollution dans le lac et dans le bassin-versant. Ce travail peut prendre des années en fonction des activités dans le bassin-versant et de sa dimension. C'est toutefois un passage incontournable pour établir un plan d'action crédible et efficace.

3) **Mesures et plan de correction des sources de pollution et de réchauffement**

À chaque point de pollution identifié doit correspondre une mesure de correction ou de mitigation. Celles-ci incluent la technique proposée, le choix des matériaux, l'estimation des coûts, le responsable des travaux, le financement et l'échéancier des travaux.

Les aménagements paysagers réalisés autour des lacs devraient prendre en compte les caractéristiques particulières de cet écosystème.

Dans les chapitres qui suivent, l'océanographe Michèle De Sève, les architectes paysagistes Michel Rousseau et Daniel Lefebvre, l'ingénieur civil Michel Prince, l'ingénieur forestier François Légaré, l'agronome Jacques Nault et l'avocat Jean-François Girard proposent des informations et des techniques qui permettent d'apporter des correctifs.

4) Protocole d'aménagement et d'entretien des terrains privés et publics

Les propriétaires et les compagnies qui aménagent et entretiennent les terrains devraient être contraints à des normes d'aménagement et un contrôle de travaux qui assurent le rejet nul des eaux de ruissellement, des sédiments du lot et qui réduisent au minimum les surfaces exposées au réchauffement.

Les principes d'aménagement LEED, présentés par Michel Prince dans le chapitre *La gestion des eaux sanitaires et des eaux pluviales*, sont un bel exemple des bonnes pratiques en matière d'aménagement de terrain. Les principes et les techniques d'aménagement appropriés autant pour les résidences que pour l'ensemble d'un domaine de villégiature sont présentés par Michel Rousseau et Daniel Lefebvre dans les chapitres *Développer de façon durable les zones de villégiature* et *Contrôler le ruissellement autour des résidences*.

5) Mesures de contrôle des sources d'érosion

Le transfert de sédiments du bassin-versant étant une source majeure de pollution (voir le tableau *Quantité de sédiments perdus par hectare par an selon le type d'activité*), le plan de gestion doit prévoir des mesures applicables à tous les acteurs du bassin-versant qui, de par leurs activités, sont susceptibles de provoquer le transfert de sédiments. Il faut inclure ceux qui ne sont pas sous la juridiction des autorités municipales, soit : les voiries provinciale et fédérale, les entrepreneurs en construction de projets domiciliaire, commercial ou industriel, les agriculteurs, les développeurs et les constructeurs d'infrastructures touristiques (sentier de ski ou de randonnée, VTT, plage publique, aire de pique-nique, etc.).

Chaque auteur présente dans les chapitres qui suivent les mesures de contrôle d'érosion propres à son domaine d'application.

6) Protocole de gestion des barrages dans le bassin-versant

La gestion des barrages est souvent exclusivement centrée sur la prévention des débordements ou sur la destruction des plantes envahissantes sans égard aux effets du réchauffement de l'eau causée par l'abaissement du niveau de l'eau. Pour simplifier les procédures de gestion, le niveau est ajusté le moins souvent possible sans tenir compte de l'impact sur la qualité de l'eau. Le protocole de gestion du barrage devrait au contraire tenir compte de l'ensemble du caractère du lac et être soumis à l'approbation de l'association et de la municipalité.

7) Politique de développement et de contrôle de l'exploitation forestière dans le bassin-versant

L'exploitation forestière dans le bassin-versant peut affecter de façon irrémédiable la qualité de l'eau du lac. Les effets de coupe concernent le réchauffement des eaux de pluie, l'augmentation des matières organiques, du phosphore, des sédiments et les pertes d'habitat faunique. Le respect des normes de coupe et la remise en état de la forêt après la récolte des tiges doivent être supervisés par les gestionnaires du lac. Selon le caractère du bassin-versant, le plan de coupe devra également tenir compte des autres facteurs qui affectent la qualité du lac, comme le paysage, les infrastructures touristiques, etc. Le plan de gestion environnemental du lac doit tenir compte de tous les attributs du lac qui lui confèrent sa pleine valeur.

Au chapitre *Les forêts, leur aménagement et les algues bleues*, François Legaré aborde la question de la gestion des forêts et donne des conseils sur les moyens à prendre pour gérer la forêt du bassin-versant tout en assurant une protection efficace du lac.

Il est important d'établir une politique de développement et de contrôle de l'exploitation forestière dans le bassin-versant.

8) Politique de rejets pluviaux dans les nouveaux développements domiciliaires

Les projets de développement domiciliaire dans le bassin-versant sont en pleine expansion dans plusieurs régions de villégiature. Les lots construits sont souvent trop déboisés et le sol devient imperméabilisé ou compacté par les aménagements, comme les stationnements, les surfaces construites et par le piétinement. La nappe phréatique se recharge moins.

Au fur et à mesure du développement d'une région, les eaux de ruissellement augmentent en volume, se polluent, charrient des sédiments et affectent inévitablement la qualité de l'eau du lac qui les reçoit. Il est possible et facile de développer tout en captant les eaux de surface, en rechargeant la nappe phréatique et en épurant l'eau avant qu'elle ne transite en aval du terrain.

Michel Rousseau, Daniel Lefebvre et Michel Prince, dans leurs chapitres respectifs, proposent des techniques d'aménagement permettant d'atteindre l'objectif de rejet « 0 » des eaux de ruissellement. Les gestionnaires pourront s'en inspirer pour établir les nouvelles normes de développement domiciliaire du bassin-versant et même apporter des correctifs à l'aménagement des lots existants.

Pour la protection des habitats

1) Caractérisation de la faune et de la flore du lac

La qualité de l'eau a un impact sur la santé de la faune et la flore aquatique, l'inverse est aussi vrai. Le suivi régulier de l'état de santé de la faune et de la flore permet d'évaluer l'impact de l'utilisation qu'on fait de l'écosystème et d'ajuster le plan d'action plus rapidement avant que des espèces ne disparaissent. La qualité de l'eau peut, dans certains cas, se rétablir rapidement dans un bassin-versant bien géré, mais il en est tout autrement pour la biodiversité qui prendra plusieurs décennies avant de se récupérer.

2) Politique de conservation de la faune et de la flore

L'association du lac devrait prendre l'initiative de créer des aires protégées qui seraient à l'abri des activités humaines et de préserver des corridors verts qui assureraient un lien entre le lac et l'habitat en milieu forestier.

3) Politique de développement et de contrôle de l'utilisation récréotouristique du lac

Les activités de plaisance sont pratiquées, pour la majorité des lacs au Québec, sans aucune forme de contrôle ou de contingentement. Les plaisanciers accèdent au lac par les descentes publiques ou les marinas qui, le plus souvent, ne donnent pas de services de vidange sanitaire et de nettoyage de coque. Grâce à des mesures de la température de l'eau et de sa transparence après une journée d'activité intensive de plaisance, il est possible d'établir la capacité de support du lac. On peut ainsi mieux définir les aires de circulation, la vitesse, la puissance et la quantité de bateaux qu'un lac peut supporter sans affecter la qualité de son eau et de ses habitats.

Il ne faut pas hésiter à créer des aires pour protéger la faune et la flore.

Une politique de développement et de contrôle de l'utilisation récréotouristique du lac doit être mise en place.

À l'instar de ce qui se pratique dans les parcs nationaux, les accès au lac devraient être contrôlés, la coque des bateaux nettoyée, la cuve sanitaire vidangée et le code de conduite spécifique au lac remis au propriétaire. Des installations publiques sanitaires et des aires de pique-nique devraient être mises à la disposition des propriétaires de petites embarcations dépourvues d'installation septique. Au chapitre *Les aspects juridiques de la protection des lacs et des cours d'eau*, Me Jean-François Girard donne un éclairage sur les moyens d'action en matière de navigation de plaisance.

Pour la protection du paysage

1) **Normes de construction et d'aménagement des espaces publics**

Les espaces publics et commerciaux sont souvent dépourvus d'arbres, de bassin de rétention et de milieu filtrant. Les immenses stationnements totalement dépourvus d'arbres en sont de bons exemples. La pluie qui tombe sur le bitume se réchauffe, puis est rapidement évacuée par les conduites pluviales directement dans les lacs sans autres formes de filtration.

Le plan de gestion du lac devrait proposer des techniques qui permettent de capter les eaux de ruissellement, de recharger la nappe phréatique et d'épurer les rejets avant leur arrivée au cours d'eau. La plantation d'arbres en bordure des rues et dans les stationnements devrait, à l'instar de plusieurs États modernes, devenir une norme standard dans les aménagements publics.

Au chapitre *La gestion des eaux sanitaires et des eaux pluviales*, Michel Prince présente les principes de gestion des eaux pluviales et les applications possibles en espaces publics et commerciaux.

2) Normes de construction et d'aménagement des lots privés

Le paysage riverain des lacs est parfois complètement urbanisé. On y voit beaucoup plus de maisons, de plates-bandes, de piscines, de cabanons et d'abris à bateaux que d'arbres. La forêt qui donne toute la valeur au milieu naturel des lacs est souvent en grande partie disparue.

Parmi les actions privilégiées pour restaurer le paysage, la plus importante pour son efficacité et son coût est le reboisement des terrains. Cette mesure permet de cacher toutes les structures et de redonner l'aspect naturel au paysage. Cette mesure concerne également le contrôle des algues bleues par le potentiel filtrant de la forêt et le contrôle du réchauffement par la canopée.

Il est facile de comprendre quel est le type d'aménagement le moins dommageable pour la qualité de l'eau d'un lac.

Dans le chapitre Contrôler le ruissellement autour des résidences, Michel Rousseau et Daniel Lefebvre présentent des stratégies de plantation pour une bande filtrante efficace qui permet un accès visuel au lac. L'objectif de réduction du réchauffement de l'eau de ruissellement ajouté à celui du contrôle du phosphore sous entend que la bande riveraine idéale est le reboisement le plus complet possible de toute la surface disponible du lot.

3) Mesures d'atténuation applicables aux constructions et aux aménagements existants

Les espaces déjà construits peuvent parfois, avec des moyens simples, être améliorés. Ce problème est abordé par les auteurs dans leur chapitre respectif.

Pour le développement économique et social

1) Processus de planification régionale (zonage, développement touristique, économique, domiciliaire)

Le rôle des municipalités dans le développement du territoire s'accroît depuis quelques années. L'association pour la protection du lac devrait être consultée par la municipalité et la MRC dans l'aménagement du territoire.

Un lac peut être aussi un facteur de développement économique et social.

2) Charte écologique : contenu et statut légal

L'adoption d'une charte écologique constitue un excellent moyen de sensibiliser les résidants et d'exercer sur eux des pressions pour changer leurs pratiques polluantes. Me Jean-François Girard aborde cette question au chapitre *Les aspects juridiques de la protection des lacs et des cours d'eau.*

3) Processus de cheminement critique de l'association pour le respect du droit de l'environnement

Les associations et les municipalités ont un pouvoir de persuader les résidants du bassin-versant qui se montrent insensibles à l'environnement. Me Jean-François Girard propose des pistes de solution à cet égard.

4) Processus et stratégie de communication de l'association

L'association tirerait profit d'un plan de communication pour s'assurer que les résidants du bassin-versant sont bien informés, afin de faire connaître ses décisions aux multiples acteurs qui œuvrent dans le bassin-versant et enfin pour se faire entendre aux diverses instances.

Les associations de lac ont un grand rôle à jouer dans la préservation des lacs.

Pour l'aspect juridique

Depuis quelques années, les aspects juridiques de la protection et de la restauration des lacs prennent de plus en plus d'importance. Les questions le plus souvent soulevées sont les suivantes :

- À qui appartient le lac et qui doit en assurer la protection ?
- La *Loi sur la qualité de l'environnement* a-t-elle préséance sur celles qui régissent la navigation, l'agriculture ou la foresterie ?
- Comment faire pour contrôler les activités de plaisance ?
- Une association et une municipalité peuvent-elles délimiter des aires protégées dans le lac ?
- Comment amener une municipalité à réglementer et à faire respecter sa réglementation ?
- Comment interdire la vente d'engrais dans la région ?
- Comment contrôler les compagnies de services d'entretien des pelouses ?
- Y a-t-il des recours des citoyens contre les pollueurs ?
- Quels sont les droits acquis ?

Un plan de gestion doit tenir compte des pouvoirs d'agir de ses gestionnaires et doit prévoir un cheminement stratégique pour faire respecter ses décisions.

Mᵉ Jean-François Girard, avocat et biologiste, propose des avenues de réflexion et des conseils sur ces questions au chapitre *Les aspects juridiques de la protection des lacs et des cours d'eau.*

Si, à l'occasion, il faut faire intervenir la justice, il faut surtout rechercher le compromis et la négociation afin que tous les utilisateurs du lac vivent en harmonie.

Dans les années soixante-dix,
on prévoyait que si rien n'était fait
on se retrouverait en l'an 2000
à vivre au milieu d'un « bol d'algues ».
Il semble bien que ce soit le cas !

À la découverte des algues bleues

Michèle De Sève

LES ALGUES BLEUES, ou cyanobactéries, sont parmi les premiers organismes vivants à être apparus sur Terre. Les données fossiles indiquent que leur apparition remonte à plus de 3 500 millions d'années et qu'elles seraient à l'origine de la production d'oxygène dans l'atmosphère. Les **fleurs d'eau** d'algues bleues, aussi connues sous le nom de *blooms*, ont été identifiées et observées dans le monde entier depuis des décennies.

Fleurs d'eau

Accumulation massive d'algues dans une nappe d'eau.

L'augmentation de ces fleurs d'eau au cours du XXe siècle a été causée par le phénomène d'eutrophisation, c'est-à-dire l'augmentation de la concentration des nutriments, tels que le phosphore, dans l'eau. Cette hausse est due principalement à la croissance démographique, au développement agricole et à l'industrialisation.

Déjà, dans les années soixante-dix, on prévoyait que si rien n'était fait pour limiter les quantités de phosphore, on se retrouverait en l'an 2000 à vivre au milieu d'un «bol d'algues». Dès 1972, des mesures bilatérales impliquant les États-Unis et le Canada ont été mises en place afin de limiter les apports de phosphore, notamment dans les Grands Lacs (*Great Lakes Water Quality Act, US Environmental Protection Agency*), dans le but de réduire la présence des algues nocives. Ces mesures ont permis un contrôle de l'eutrophisation et de la prolifération des algues.

Le phénomène s'est toutefois accentué dans les dernières années pour atteindre des niveaux encore jamais enregistrés. La baie Missisquoi en est un exemple probant et un des cas les plus graves. En 2007, plus de 190 lacs du Québec ont été touchés par des proliférations d'algues bleues. Bien que l'eutrophisation soit encore en cause, avec notamment des taux plus élevés de phosphore, il semble que d'autres facteurs, tels que les pluies acides et les changements climatiques, pourraient jouer un rôle important.

Malgré qu'elles fassent la une des journaux, les algues bleues, le milieu où elles vivent, les facteurs qui favorisent leur développement et les problèmes de toxicité qu'elles représentent sont méconnus.

Au cours des années, à cause des apports de phosphore, tous les types d'algues ont proliféré dans les lacs du Québec.

*Très médiatisées, les caractéristiques et les conditions de vie des algues bleues sont mal connues. Ici une forme filamenteuse d'*Anabaena sp.

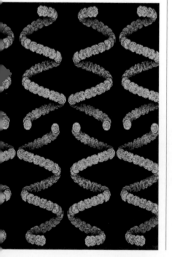

Les algues bleues

Ce sont des organismes très primitifs. On les nomme aussi cyanobactéries parce qu'elles produisent de la phycocyanine, une pigmentation particulière, et qu'elles possèdent une structure cellulaire semblable à celle des bactéries. Comme les bactéries, les algues bleues ont une absence de noyau et de chloroplaste véritables. Elles se présentent sous différentes formes: des cellules isolées ou encore des colonies enveloppées dans du mucus ou des filaments. L'identification se fait au microscope et est basée sur les caractéristiques morphologiques (formes).

Leur couleur bleue (cyan) est attribuable à une combinaison de chlorophylle de type «*a*» (verte) et de pigments de phycocyanine (bleue). Cependant, toutes les algues bleues ne sont pas bleues. Selon les autres pigments présents, elles peuvent prendre une teinte verte, jaune vert et même rouge. La mer Rouge doit d'ailleurs son nom aux fleurs d'eau d'une espèce d'*Oscillatoria*, une algue bleue qui produit des pigments rouges.

Les algues bleues sont extrêmement bien adaptées. Elles vivent partout: eaux douces, sources thermales, eaux polluées, vases, déserts arides, eaux de source, vases riches en hydrogène sulfuré, tourbières, etc. On les trouve en abondance dans

Vacuole

Cavité du cytoplasme des cellules, dans laquelle se trouvent diverses substances en solution aqueuse ou des graisses.

les fleurs d'eau où elles acquièrent une « luxuriance extrême ». Elles ont aussi la particularité de former des **vacuoles** gazeuses qui leur permettent de flotter à la surface de l'eau ou de migrer en profondeur. Contrairement aux autres groupes d'algues, elles peuvent fixer directement l'azote gazeux de l'air.

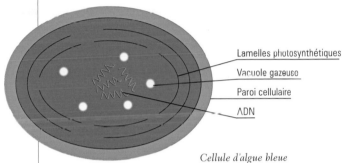

Lamelles photosynthétiques
Vacuole gazeuse
Paroi cellulaire
ADN

Cellule d'algue bleue

Leur milieu

Les différentes strates d'eau que l'on observe dans un lac ont une influence sur le développement des algues bleues.

Durant l'été, les eaux de surface des lacs se réchauffent et se stratifient pour former les couches suivantes: l'épilimnion, le métalimnion et l'hypolimnion (voir illustration). L'épilimnion correspond à la couche d'eau chaude de surface dont les températures varient de 15 °C à 25 °C. Le métalimnion présente des températures intermédiaires. L'hypolimnion, la couche d'eau froide de fond, affiche des températures de 4 °C à 5 °C.

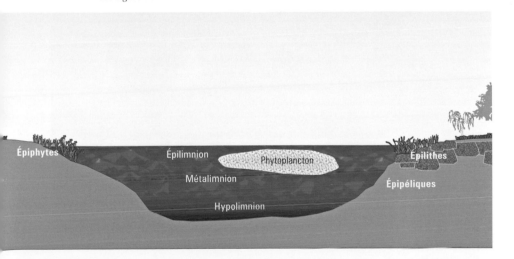

Épiphytes
Épilimnion
Phytoplancton
Épilithes
Métalimnion
Épipéliques
Hypolimnion

Autotrophe

Être vivant qui fabrique de la matière organique, à partir d'éléments minéraux et d'énergie solaire.

Zone photique

Zone des eaux de surface qui reçoit suffisamment de lumière (jusqu'à 1% de la lumière en surface) pour que la photosynthèse et la croissance des algues et des plantes puissent avoir lieu.

Benthique

Se dit d'un organisme qui vit sur le fond et dans la couche sédimentaire d'un lac.

Les algues étant des organismes **autotrophes**, elles ont besoin de lumière pour croître. Leur croissance est donc limitée aux eaux de surface, dans la **zone photique**, où la lumière est suffisante. Dans les lacs, les algues sont phytoplanctoniques ou **benthiques**. Les algues phytoplanctoniques croissent librement dans l'épilimnion alors que les algues benthiques sont associées soit aux roches (épilithes), soit aux sédiments (épipéliques), soit aux plantes (épiphytes). Les fleurs d'eau nocives d'algues bleues se trouvent principalement dans le phytoplancton.

Les algues ont aussi besoin de substances nutritives appelées nutriments dont les principales sont le phosphore et l'azote. Puisque le phosphore contrôle la productivité des lacs, ceux-ci sont classés d'après leur concentration en phosphore total (voir tableau).

CLASSIFICATION DES LACS SELON LEUR TENEUR EN PHOSPHORE

LAC OLIGOTROPHE	LAC MÉSOTROPHE	LAC EUTROPHE
Concentration faible	Concentration moyenne	Concentration élevée
< 0,01 mg de Ptot/l	0,01 à 0,03 mg de Ptot/l	> 0,03 mg de Ptot/l

Note : Ptot/l = phosphore total par litre

Les algues benthiques sont associées aux roches, aux sédiments ou aux plantes.

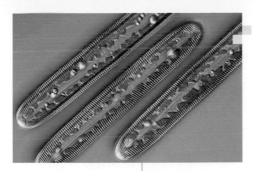

*La prolifération des algues
dans les lacs est due
à l'augmentation des concentrations
de nutriments.*

L'eutrophisation des lacs, avec l'augmentation des concentrations de nutriments, plus particulièrement du phosphore, a eu pour effet non seulement d'augmenter la production des algues, mais aussi de modifier la composition du phytoplancton. En général, ce sont les **diatomées**, des algues jaunes, qui dominent dans le phytoplancton au printemps, à la fin de l'été ou au début de l'automne. L'eutrophisation, accompagnée possiblement d'une augmentation des températures de l'eau, a perturbé ces systèmes. Bien que les diatomées soient encore abondantes au printemps, elles sont remplacées, à la fin de l'été et au début de l'automne, par des fleurs d'eau massives d'algues bleues souvent toxiques, et ce, dans un nombre croissant de lacs du Québec.

Diatomée

Algue unicellulaire de la classe des bacillariophycées possédant des parois cellulaires siliceuses.

Les conditions qui favorisent les fleurs d'eau

Les fleurs d'eau sont définies comme une accumulation massive d'une ou de quelques espèces. Ces phénomènes sont des déviations des conditions normales rencontrées dans les écosystèmes et elles en affectent toute la chaîne alimentaire.

Ces fleurs d'eau d'algues bleues peuvent survenir très rapidement, sans signe avant-coureur. Leur apparition rapide résulte, en période de turbulence réduite (vent faible), de la migration vers la surface des populations disséminées dans la colonne d'eau. La fleur d'eau dépend donc initialement de la présence de populations d'algues préexistantes, mais pas nécessairement de leur abondance.

Plusieurs facteurs favorisent l'apparition des fleurs d'eau.

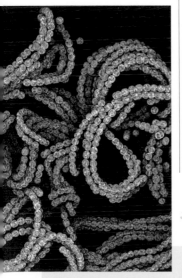

*La présence dans l'eau
de ces cellules d'algues bleues
peut provoquer,
dans les conditions requises...*

des fleurs d'eau.

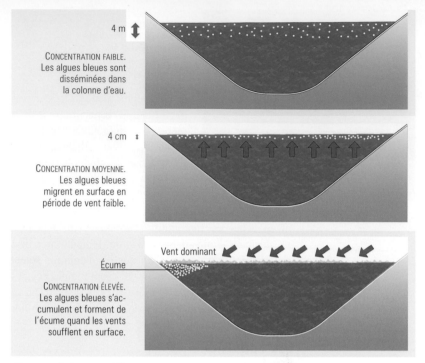

4 m

CONCENTRATION FAIBLE.
Les algues bleues sont
disséminées dans
la colonne d'eau.

4 cm

CONCENTRATION MOYENNE.
Les algues bleues
migrent en surface en
période de vent faible.

Vent dominant

Écume

CONCENTRATION ÉLEVÉE.
Les algues bleues s'ac-
cumulent et forment de
l'écume quand les vents
soufflent en surface.

*Processus de formation
des fleurs d'eau*

La lumière

Les algues bleues contiennent des pigments (les phycobilines) qui leur permettent une plus grande tolérance aux intensités élevées de lumière. Elles renferment aussi des caroténoïdes qui augmentent leur tolérance aux ultraviolets. Ces deux substances leur permettent de vivre à la surface de l'eau, ce qui leur procure un net avantage sur les autres espèces.

Le phosphore

Le phosphore existe sous différentes formes:

- le phosphore inorganique dissous ou orthophosphate (PO_4);
- le phosphore organique dissous;
- le phosphore organique particulaire (non dissous).

DES NUANCES IMPORTANTES

Le phosphore total (Ptot) est égal à la somme des composés phosphorés dans l'eau, en l'occurrence les phosphores dissous et le phosphore particulaire.

Les algues assimilent directement les phosphores inorganiques dissous qu'elles stockent sous forme de phosphore organique particulaire. Comme les algues bleues peuvent emmagasiner de fortes concentrations de phosphore et le recycler rapidement sous forme dissoute (de 5 à 100 minutes, selon Wetzel), il faut prendre en compte le phosphore total. C'est d'ailleurs cette forme qui est le plus souvent analysée et qui sert de référence.

La production d'algues bleues est directement reliée aux apports en phosphore. Dans plusieurs lacs du Québec, il a été démontré que la biomasse phytoplanctonique s'accroît de façon linéaire, en fonction de l'augmentation en phosphore total, mais que l'accroissement est encore plus important pour les algues bleues et leurs toxines. On a observé que des augmentations de concentrations de phosphore, même minimes, peuvent produire des changements importants dans la toxicité.

Pour éviter les fleurs d'eau, il est recommandé de réduire les taux de phosphore total à moins de 0,05 milligramme par litre d'eau. Les critères de qualité fixés par le ministère du Développement durable, de l'Environnement et des Parcs du Québec (MDDEP) sont de 0,02 mg/l de phosphore total.

Toutefois, on a noté que les fleurs d'eau peuvent apparaître à des concentrations moindres, comme c'est souvent le cas à la fin de l'été et au début de l'automne, alors que les concentrations en nutriments sont les moins élevées. On a pu observer des proliférations à des concentrations de 0,01 mg/l de phosphore total.

De nombreux facteurs influencent la prolifération des algues bleues.

De plus, des expériences ont démontré que les algues bleues ont une affinité plus élevée pour le phosphore que tous les autres groupes d'algues. Cela signifie qu'elles peuvent emmagasiner plus de phosphore et être donc plus compétitives en condition de phosphore limitant. Leur capacité de migrer en profondeur, grâce à leurs vacuoles gazeuses, est aussi un avantage sur les autres espèces puisqu'elles peuvent aller y chercher le phosphore dont elles ont besoin.

La température

Les algues bleues atteignent leur maximum de croissance à 25 °C, ce qui est supérieur aux autres groupes d'algues, notamment les algues vertes et les diatomées. Elles sont donc favorisées par l'augmentation des températures de l'air et de l'eau observées dans les dernières années, et sans doute attribuable aux changements climatiques.

La stabilité de la colonne d'eau

Des conditions météorologiques stables comportant peu de vent favorisent la formation de fleurs d'eau en permettant aux algues de s'accumuler en surface. De plus, la stratification de la colonne d'eau, avec des températures plus élevées dans les couches de surface que dans les couches de fond, contribue aussi à la stabilité en empêchant les mélanges des couches d'eau.

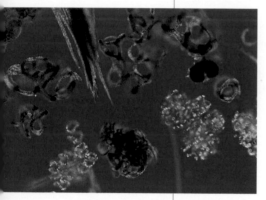

C'est principalement le phosphore qui favorise le développement des algues bleues.

Les changements climatiques et l'augmentation des températures atmosphériques et de l'eau de surface accentuent ce processus de stratification et procurent des conditions idéales pour la formation des fleurs d'eau en automne.

Des études récentes ont d'ailleurs démontré que les changements climatiques accompagnés des périodes plus intenses et plus longues de stratification sont responsables des fleurs d'eau d'algues bleues, et ce, même dans des lacs oligotrophiques et mésotrophiques de l'Ontario et de l'ouest du Québec. Le phosphore total dans ces lacs était de < 0,01 mg/l, c'est-à-dire de loin inférieur aux concentrations généralement requises pour l'éclosion des fleurs d'eau qui sont de > 0,05 mg/l de phosphore.

La toxicité des algues bleues

Les cyanobactéries produisent différents types de toxines qui peuvent s'attaquer au foie (hépatotoxines), au système nerveux (neurotoxines), causer des dermatites (dermatotoxines) et même des tumeurs, dans certains cas.

Les microcystines (hépatotoxines) sont les toxines cyanobactériennes les plus répandues et celles qui sont le plus souvent en cause dans les cas d'intoxication chez les animaux et chez les humains. La microcystine connue sous la forme « LR » est la plus répandue et la plus étudiée.

La production de toxines n'est pas reliée à la pollution comme telle, puisque même dans des lacs oligotrophes, on peut détecter des toxines. C'est plutôt la prolifération lors de fleurs d'eau et les fortes biomasses qui en favorisent les quantités élevées.

La toxicité des fleurs d'eau d'algues bleues n'est plus à démontrer.

Les concentrations de toxines peuvent être multipliées par 1 000 en quelques heures. Pour les eaux de consommation, selon Santé Canada et l'Organisation mondiale de la santé (OMS), les concentrations de microcystines doivent être inférieures à 1,5 µg/l.

Pour une même espèce, on peut trouver des souches qui ne produisent pas de toxines et d'autres qui en produisent, et ce, dans un même lac. Il semble donc que la production de toxines résulte d'un ensemble de facteurs environnementaux spécifiques. Il est aussi possible qu'elle soit associée à des modifications génétiques. Un grand nombre de fleurs d'eau de cyanobactéries (25 à 50 %) sont produites par des espèces qui ne sécrètent pas de toxines. Ces fleurs d'eau peuvent cependant être nuisibles en raison de leur prolifération sans être toxiques. Il est donc important d'identifier les espèces en cause et leur potentiel de toxicité.

Les toxines sont produites par les cellules vivantes, mais on observe aussi une décharge de toxines lors de la **lyse** ou de la mort de cellules suivant une fleur d'eau. Il est donc suggéré de vérifier la toxicité jusqu'à deux semaines après la disparition des fleurs d'eau.

Les fleurs d'eau sont nocives pour tout l'écosystème. Une fois en place, il se forme des populations résistantes qui empêchent l'écosystème de revenir à des conditions plus équilibrées. La croissance d'autres espèces d'algues est aussi inhibée durant la prolifération de fleurs d'eau par la production de chélateurs impliquant le fer. Les fleurs d'eau sont aussi accompagnées d'une désintégration rapide des populations planctoniques, d'une augmentation du nombre des bactéries et d'une réduction de l'oxygène dans l'eau.

Lyse

Destruction d'une structure organique, comme une cellule avec libération de son contenu.

La « mousse » que l'on observe au bord des lacs est en fait des fleurs d'eau d'algues bleues mortes.

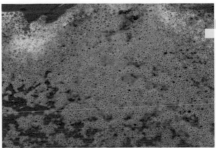

La croissance d'autres espèces d'algues est inhibée durant la prolifération de fleurs d'eau d'algues bleues.

Les effets des toxines sur la santé

Les fleurs d'eau d'algues bleues, accompagnées de fortes concentrations de cellules, sont nuisibles aux activités récréatives (baignade, pêche, ski nautique, etc.). Les effets sur la santé sont multiples. Par simple contact, les dermatotoxines peuvent produire des réactions cutanées. Les hépatotoxines (microcystines) peuvent causer des diarrhées, des vomissements, des gastro-entérites et des hépato-entérites. Si elles sont ingérées, les neurotoxines peuvent affecter le fonctionnement du système nerveux.

Les fleurs d'eau où les concentrations de toxines sont élevées peuvent aussi, dans certains cas, causer la mort, comme cela a été observé au Brésil. Aucun cas grave n'a encore été officiellement rapporté au Québec, mais l'existence de tels problèmes est toutefois présumée.

Les espèces toxiques

Au Québec et dans les Grands Lacs, les espèces toxiques les plus répandues sont : *Microcystis aeruginosa*, *Anabaena circinalis*, *Anabaena flos-aquae*, *Aphanizomenon flos-aquae* et *Cylindrospermopsis raciborskii*.

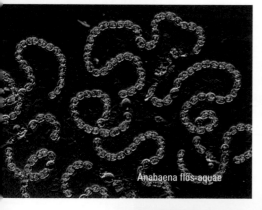

Aphanizomenon *sp.*

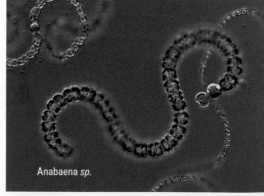

Anabaena flos-aquae

Anabaena *sp.*

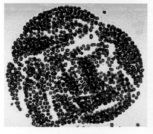

Microcystis *sp.*

Fleurs d'eau avec Anabaena *sp. et* Aphanizomenon *sp.*

Il faut être prudent dans l'élimination des fleurs d'eau d'algues bleues. Les méthodes utilisées ne doivent pas être nuisibles à l'environnement.

☐ RÉDUIRE LA PRÉSENCE DES FLEURS D'EAU

De nombreuses mesures peuvent être mises en action à court, moyen et long terme pour contrer la prolifération des algues bleues. Plusieurs sont connues et d'autres, plus nouvelles, sont présentées dans ce livre. Toutefois, depuis quelque temps, des méthodes dont les effets sont plus ou moins connus ont vu le jour (voir le tableau *Méthodes de contrôle potentiel des algues*).

Avant de mettre l'une ou l'autre de ces méthodes en place, il est fortement recommandé de consulter l'Annexe 2 du *Guide d'analyse des projets d'intervention dans les écosystèmes aquatiques, humides et riverains assujettis à l'article 22 de la* Loi sur la qualité de l'environnement.

Il faut se rappeler que ces méthodes demeurent d'ordre «expérimental» et leur utilisation doit être préalablement approuvée par les ministères responsables de la gestion des eaux afin d'être réglementaire.

MÉTHODES DE CONTRÔLE POTENTIEL DES ALGUES

MÉCANIQUES

Agitation des sédiments

Dragage mécanique ou par aspiration du fond (hydraulique)

Aspiration du fond avec plongeur

Aération de l'hypolimnion en activant la circulation de l'eau (éolienne)

PHYSIQUES

Aération de l'hypolimnion par apport d'oxygène

Recouvrement temporaire ou permanent des sédiments (membrane)

Ajout d'un colorant ou d'un opacifiant

Installation d'écrans de surface ou de barrières flottantes

Évacuation sélective des eaux hypolimniques

Filtration

Sonication (utilisation des ultrasons)

Augmentation de l'écoulement (effet «chasse d'eau»)

Utilisation de farine de quartz et de tube biocatalyseur (technologie «Plocher»)

CHIMIQUES

Utilisation de la paille d'orge

Ozonation

Épandage d'herbicides et d'algicides

Utilisation d'adsorbant de nutriments (sels de fer ou d'alun)

Épandage de craie (chaux) et autres éléments minéraux à base de carbonate de calcium

BIOLOGIQUES

Manipulation de la chaîne trophique – Introduction de zooplancton consommateur de phytoplancton

Manipulation de la chaîne trophique – Introduction de poissons herbivores consommateurs de phytoplancton

Implantation d'agents pathogènes des algues ou des plantes aquatiques (virus, bactérie, champignon, etc.)

Bio-augmentation (injection de bactéries aérobies)

Mise en place d'îles flottantes artificielles

Note : L'agitation des sédiments et l'épandage d'herbicides et d'algicides sont des méthodes jugées inacceptables par le MDDEP.

Mettre en place un plan de suivi

Afin de prévenir et de contrôler les fleurs d'eau d'algues bleues, un plan de suivi est essentiel. Pour être efficace, il doit être géré par deux paliers d'intervention :

* les autorités scientifiques ;
* le comité de gestion du lac.

L'élaboration d'un plan de suivi comprend les étapes suivantes :

ÉTAPE Nº 1 : Surveillance visuelle du lac

Elle est faite par le comité de gestion du lac, une fois par semaine. Celui-ci vérifie s'il y a présence ou pas d'algues bleues. Si c'est le cas, il les localise et évalue l'étendue des fleurs d'eau.

ÉTAPE Nº 2 : Analyse du phytoplancton

Cette opération est faite une fois toutes les deux semaines par les autorités scientifiques.

ÉTAPE Nº 3 : Analyses physico-chimiques

Menées conjointement par les autorités scientifiques et le comité de gestion du lac, les analyses physico-chimiques (Ptot, température, transparence, conditions météorologiques, etc.) sont faites toutes les deux semaines.

Un bon système d'échantillonnage permet de mettre en place des avis à la population.

Quand les analyses de phytoplancton décèlent un taux supérieur à 100 000 cellules / ml et un phosphore total supérieur à 0,05 mg / l, on procède à un échantillonnage (3 par site) toutes les semaines.

Si les résultats obtenus décèlent un taux supérieur à 100 000 cellules / ml d'une espèce potentiellement toxique (ex.: *Microcystis aeruginosa*), on procède à l'analyse des toxines. Selon l'OMS, pour les eaux de consommation, les concentrations de microcystines doivent être inférieures 1,5 µg / l. Dans les cas où les concentrations sont supérieures, des avis de danger sont émis et des mesures sont prises par les autorités pour en interdire la consommation ou l'utilisation de l'eau du lac.

L'échantillonnage est alors fait une fois par semaine. Le suivi se poursuit tant et aussi longtemps que les niveaux de toxicité ne diminuent pas.

HAUTE TECHNOLOGIE

La télédétection par radar se révèle un excellent outil pour quantifier les fleurs d'eau de grande étendue et sert même à déterminer les concentrations de chlorophylle de type « a ».

NIVEAUX D'ALERTE
D'APRÈS LES LIMITES ÉTABLIES

CONCENTRATION EN PHOSPHORE (P$_{TOT}$)	RISQUES
< 0,01 mg/l	Très faibles
≈ 0,02 mg/l	Faibles
> 0,05 mg/l	Élevés

NIVEAUX D'ALERTE D'APRÈS
LA CONCENTRATION DES FLEURS D'EAU

CONCENTRATION	NIVEAU D'ALERTE	RISQUES
20 000 cellules/ml	1er niveau	Faibles, effets mineurs
100 000 cellules/ml	2e niveau	Modérés
Écume	3e niveau	Élevés, sérieux

La modélisation

Les lacs sont des systèmes écologiques fragiles.

Les lacs sont des écosystèmes complexes. Dans le cas de la lutte contre les algues bleues, il ne s'agit pas que de réduire les apports en phosphore, encore faut-il en déterminer les seuils d'apport. Bien que les normes établies par le MDDEP pour les eaux de surface soient de 0,02 mg/l ou moins en phosphore total, il est difficile de prédire les concentrations permises en apports pour respecter ces normes, puisqu'elles varient pour chaque lac.

La modélisation permet toutefois d'effectuer de telles prédictions. En voici un exemple qui utilise la corrélation entre les apports en phosphore (extérieur) et les concentrations des eaux en fonction du **temps de résidence**.

Temps de résidence

Durée séparant l'instant d'introduction d'une particule d'eau en un point donné d'un lac, de l'instant de sa réapparition ou de sa sortie en un autre point du lac.

EXEMPLE DE MODÉLISATION

On applique la formule suivante :

Ptot (lac) = 1,55 [Ptot (apports)/(1 − √temps de résidence)] [0,82]

Apports de phosphore total permis ou jugés dangereux pour des lacs de différentes profondeurs.

Profondeurs moyennes	Ptot apports acceptables	Ptot apports dangereux
< 5 m	< 0,07 g/m²/an	> 0,13 g/m²/an
< 10 m	< 0,1 g/m²/an	> 0,2 g/m²/an
< 50 m	< 0,25 g/m²/an	> 0,5 g/m²/an
< 100 m	< 0,4 g/m²/an	> 0,8 g/m²/an
< 150 m	< 0,5 g/m²/an	> 1,0 g/m²/an
< 200 m	< 0,6 g/m²/an	> 1,2 g/m²/an

Ce tableau signifie qu'un lac d'une profondeur moyenne de 5 m peut recevoir 0,07 g/m²/an de phosphore total sans que les risques de prolifération de fleurs d'eau soient élevés. Par contre pour la même profondeur des apports de 0,13 g/m²/an de phosphore total risquent de déclencher des épisodes de fleurs d'eau. Pour un lac d'une profondeur moyenne de 200 m, des apports de 0,6 g/m²/an sont acceptables ; par contre, quand ils atteignent 1,2 g/m²/an, ils sont dangereux pour la santé du lac.

Il faut noter que plus le temps de résidence est élevé, plus les concentrations « permises » peuvent augmenter.

La modélisation permet d'établir le seuil des apports de phosphore qu'un lac peut supporter avant que la qualité de son eau ne soit grandement affectée.

Bien que ce modèle permette d'établir des normes quant aux apports permis ou dangereux de phosphore, il demeure difficile de prédire, pour un lac donné, la production d'algues, car les liens sont complexes et impliquent d'autres facteurs (ex.: lumière, stratification, température de l'eau, nutriments, etc.).

Des modèles simples reliant le phosphore à la production primaire existent depuis plusieurs années. Le Royaume-Uni, aux prises avec de sérieux problèmes de fleurs d'eau depuis une vingtaine d'années (en 1989, sur 915 lacs échantillonnés, 87 % contenaient des algues bleues et 68 % étaient toxiques), a déjà mis au point des modèles qui utilisent des données sur la morphologie, la biologie, le temps de résidence et les nutriments tout en déterminant l'influence de chaque facteur sur la production d'algues (*Prediction of Algal Community Growth and Production, Institute of Freshwater Ecology*).

Un modèle plus récent et plus sophistiqué permet de prédire le développement du phytoplancton et des espèces sous différents régimes de nutriments et de stratification. Bien entendu, ces outils sont réservés à des spécialistes, mais il est important de savoir qu'ils existent, car, dans les années à venir, ils prendront une place grandissante dans les plans de suivi.

Un ensemble de facteurs

Dans la lutte contre les fleurs d'eau d'algues bleues, la prévention, par la réduction des apports en phosphore, demeure l'objectif principal. Des mesures de contrôle à court terme peuvent être envisagées dans les cas sérieux, mais elles doivent être préalablement approuvées par le MDDEP. Elles pourraient être introduites dans un cadre de recherche expérimentale. Un programme de suivi et, idéalement, une modélisation sont fortement recommandés pour chaque lac affecté par des problèmes de fleurs d'eau d'algues bleues.

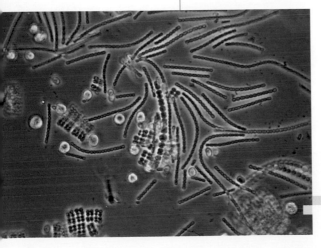

Ce type d'algue bleue est associé aux sédiments du lac.

*La présence d'une zone de villégiature
au bord d'un lac
a des effets perturbateurs
qu'il faut essayer de minimiser.*

Développer de façon durable les zones de villégiature

Michel ROUSSEAU et Daniel LEFEBVRE

DÈS L'APPARITION DU PROBLÈME des algues bleues, on a tout de suite pointé du doigt des sources évidentes comme les terres agricoles et les terrains de golf. Pourquoi? Parce qu'il s'agit de causes importantes de pollution, mais surtout parce qu'il s'agit de sources visibles. L'eau qui s'écoule d'un fossé agricole au printemps est opaque, chargée de sédiments. L'eau qui déborde d'un étang de drainage d'un terrain de golf en été est également opaque, d'un vert soutenu. Il s'agit de sources faciles à identifier, donc de sources faciles à accuser.

Il en va de même pour les rives d'un lac. Les professionnels de l'environnement prêchent depuis plusieurs années pour la protection de leurs rives, véritables filtres naturels. Lorsqu'une berge est décapée, il est facile de l'observer et de constater les dégâts.

Certes ces exemples constituent des sources de problèmes importants. Il y en a un toutefois qu'on oublie, un ennemi invisible qui a causé et qui continue à occasionner d'importants problèmes: il s'agit du ruissellement.

Une force érosive

Le ruissellement, c'est en fait de l'eau de pluie qui circule à la surface du sol au lieu d'y percoler, c'est-à-dire d'y pénétrer. En se déplaçant à la surface du sol, l'eau, un des meilleurs solvants de la planète, ramasse les sédiments et les polluants et les transporte plus loin. Plus cette eau circule vite, plus elle a la capacité d'arracher ces sédiments.

Le ruissellement des eaux de surface a de nombreux effets, comme ici l'érosion, sur la qualité des cours d'eau et des lacs.

Le transport des sédiments

Une bonne façon de comprendre l'omniprésence des sédiments dans les cours d'eau est de comparer la couleur de l'eau. Qui n'a pas été ébloui, ou séduit, par le turquoise de l'eau de certaines mers du Sud ? Qui n'a pas été impressionné de voir à plusieurs mètres de profondeur la parfaite transparence de l'eau d'un lac ? Est-on si malchanceux au Québec pour n'avoir que de l'eau brune, comme on peut l'observer dans plusieurs cours d'eau ? Malheureusement, cette situation n'est pas due à la malchance. C'est le ruissellement de surface qui en est à l'origine. Facile à voir, simple à constater.

L'urbanisation des territoires est à l'origine du ruissellement. Plus on rend un sol imperméable, moins l'eau peut y pénétrer et plus elle est forcée de circuler en surface.

Le meilleur guide, le meilleur enseignant

Pourquoi n'y a-t-il pas de ruissellement de surface dommageable dans la nature ? La goutte de pluie qui tombe au sol dans une forêt est soit captée par les feuilles des arbres, soit absorbée par le sol. Si la pluie est abondante, si elle tombe depuis plusieurs heures, le sol devient gorgé. L'eau de pluie qui continue d'arriver ne peut plus pénétrer le sol. Elle n'a d'autre choix que de ruisseler à la surface. Entraîne-t-elle des sédiments ? La plupart du temps, la réponse est non. L'eau ruisselle lentement à la surface du sol, car celui-ci est recouvert de plantes, de feuilles mortes, de mousses qui ralentissent la course de l'eau. Celle-ci perd alors sa force de transport et aboutit tranquillement dans le ruisseau. Merveilleux et simple comme système.

Changer les pratiques d'urbains

Il en va tout autrement pour les territoires développés par l'homme. On a acquis au travers de nombreuses années d'urbanisation l'habitude de se débarrasser de l'eau de pluie qui tombe sur un terrain le plus rapidement possible. Que ce soit de l'eau provenant du toit de la maison, de l'entrée de garage

Actuellement, l'objectif est de se débarrasser le plus rapidement possible des eaux de pluie.

ou de la pelouse, on draine cette eau le plus efficacement possible dans le réseau municipal. Tel que décrit au chapitre *La gestion des eaux sanitaires et des eaux pluvia-les*, ce réseau reçoit toute cette eau, souvent chargée de sédiments et de polluants et aboutit, dans bien des cas, de nombreux kilomètres plus loin dans une rivière, dans un lac ou dans le fleuve. Donc, collectivement, nous sommes responsables de la qualité des lacs et des cours d'eau.

Au lieu de reproduire le cycle de la nature qui veut que la majorité de l'eau de pluie pénètre dans le sol, on dépense beaucoup d'énergie à envoyer inconsciemment une grande quantité d'eau polluée dans les cours d'eau. On ne peut plus simplement accuser les grands pollueurs visibles de cours d'eau, tous et chacun étant également responsables individuellement et devant en prendre acte. Ainsi, collectivement et individuellement, on doit adopter le principe de rejet « 0 » des eaux de ruissellement.

Nappe phréatique

Nappe d'eau souterraine de faible profondeur qui alimente bon nombre de puits et aussi les lacs et les rivières. Contrairement aux fossés et aux tuyaux de drainage, la nappe phréatique les alimente en eau de grande qualité.

Les avantages de la percolation

Si on veut régler le problème de prolifération des algues bleues dans les lacs et les autres cours d'eau, on doit changer les pratiques et travailler à maintenir l'eau de drainage sur les terrains. Il faut maximiser la percolation plutôt que drainer l'eau vers l'extérieur.

La percolation de l'eau dans le sol a plusieurs avantages. D'une part, elle permet à l'eau de se faire filtrer. Ensuite, une bonne partie de cette eau va alimenter la **nappe phréatique**.

Les nappes phréatiques, qui alimentent le réseau des eaux souterraines, jouent un rôle de premier plan dans le cycle de l'eau.

Les changements climatiques

Le problème des algues bleues n'est pas le seul qui force à agir rapidement. Il y a également le phénomène des changements climatiques. Le climat étant quelque peu déboussolé, les épisodes de pluie intense seront plus nombreux et plus… intenses! Plus l'eau tombe rapidement, moins elle a de possibilités de percoler et plus elle ruisselle avec force. De plus, l'eau de pluie qui tombe désormais est légèrement plus chaude. Une eau chaude prend un peu plus d'expansion que l'eau froide. Les effets néfastes de l'eau chaude se situent surtout au niveau de la perte d'oxygène dissous dans l'eau.

La gestion par bassin-versant

Quelles sont les influences négatives de ces éléments en ce qui concerne les lacs? Puisque le ruissellement est un des principaux facteurs de pollution des lacs et que ce problème ira en empirant, il faut donc changer les façons de faire. Le ruissellement se passe au niveau du bassin-versant.

Chaque lac possède son propre bassin-versant qui, à son tour, fait partie d'un bassin plus gros. Si on veut avoir un impact, c'est en matière de gestion des eaux pluviales du bassin-versant d'un lac qu'il faut agir. En fait, il faut savoir où se dirigent les eaux de surface de chacune des parcelles du territoire du bassin-versant du lac. Les efforts des riverains qui naturalisent les berges de leurs lacs, améliorent l'efficacité de leur fosse septique, sont vains si les terrains des résidants en amont continuent d'apporter une grande quantité de sédiments par le biais du ruissellement de surface.

Avec les changements climatiques, les épisodes de pluie intense seront plus nombreux et plus intenses.

Les différentes affectations du territoire

Le bassin-versant d'un lac de villégiature se compose de plusieurs zones. Parfois il comporte des terres agricoles, parfois des forêts cultivées, parfois des terrains de golf, parfois des zones commerciales et assurément des zones résidentielles. Pour faciliter la compréhension des principes de gestion des eaux de ruissellement, voici une analyse pour la planification d'un nouveau lotissement de villégiature autour d'un lac.

Les contours d'un bassin-versant sont dessinés par la ligne de partage des eaux.

▬ ▬ ▬ Ligne de partage des eaux

▬▬▬▬ Ruissellement

Le plan de développement

La première chose à réaliser est évidemment de concevoir un plan de développement. Pour avoir une planification adéquate, toute municipalité devrait exiger du promoteur immobilier ou de l'entrepreneur un tel plan conçu par une équipe de professionnels. Celle-ci est composée d'un urbaniste, d'un architecte paysagiste, d'un ingénieur civil et d'un biologiste. La raison en est toute simple. Les interventions se font dans un milieu naturel, dans un écosystème stable, mais fragile que l'on souhaite modifier. Seule une bonne planification permet donc d'intégrer le nouveau projet résidentiel avec un minimum de perturbations.

Les tendances vertes

Il existe un mouvement vert en faveur de la planification durable des projets de développement. Il y a l'approche LID (*Low Impact Development*) qui a cours depuis quelque temps et qui prêche la gestion intégrale des eaux de ruissellement.

Il y a également la démarche LEED (*Leadership in Energy and Environmental Design*) qui travaille à développer des critères de performance pour le développement de nouveaux quartiers: le processus LEED-ND (*Leadership in Energy and Environmental Design – Neighborhood Development*). Essentiellement, cette approche prône la considération de plusieurs facteurs comme la protection des milieux naturels, la gestion des eaux de surface et une gestion efficace des transports. Elle permet donc d'évaluer la performance du plan de développement.

Il faut favoriser les quartiers domiciliaires qui préservent un maximum d'espaces naturels.

Les analyses

De façon générale, un plan de développement commence par les étapes des inventaires et des analyses.

La toute première est l'analyse de la réglementation municipale en matière de lotissement. Si celle-ci n'est pas élaborée, les citoyens peuvent exiger que la municipalité la mette en place. Minimalement, la municipalité devrait exiger un plan de développement pour tout projet immobilier. Une fois rédigé, ce plan doit être soumis à l'analyse d'un comité d'experts chargé de vérifier sa qualité et sa conformité.

La planification se poursuit avec l'inventaire du terrain. Il s'agit d'une étape cruciale, souvent faite à la hâte avec les résultats décevants et désastreux que l'on connaît.

L'analyse du milieu naturel

Il faut inventorier les milieux naturels présents, plus particulièrement les milieux humides, afin de protéger ceux qui sont d'une grande valeur écologique. Ces milieux sont souvent ceux qui récupèrent les eaux de ruissellement, le surplus qui provient de la percolation. Ce sont eux qui filtrent l'eau avant de la retourner au sol, au lac, aux plantes ou à l'air.

Une élimination projetée de ces milieux pour le développement doit être sérieusement considérée, car elle comporte plus d'un désavantage. Notamment, il faudra les remplacer par d'autres solutions. Une telle élimination doit de toute façon être autorisée au préalable par le ministère

Il est important de préserver les milieux humides qui ont une grande valeur écologique.

du Développement durable, de l'Environnement et des Parcs (MDDEP) du Québec. Il est essentiel de porter une attention toute spéciale à l'analyse de la bande riveraine.

Ligne des hautes eaux

Selon la Politique de protection des rives, du littoral et des plaines inondables: «La ligne des hautes eaux se situe à la ligne naturelle des hautes eaux, c'est-à-dire à l'endroit où l'on passe d'une prédominance de plantes aquatiques à une prédominance de plantes terrestres ou, s'il n'y a pas de plantes aquatiques, à l'endroit où les plantes terrestres s'arrêtent en direction du plan d'eau».

L'analyse de cette bande débute par la délimitation de la **ligne des hautes eaux.** À partir de cette ligne, il faut déterminer, selon la *Politique de protection des rives, du littoral et des plaines inondables*, si c'est une bande de protection minimum de 10 m ou de 15 m qu'il faut considérer. Il faut rappeler qu'il s'agit d'un minimum. Le plan de développement peut, mais surtout devrait, comporter une plus grande servitude de protection de la bande riveraine. On peut soit demander à la municipalité de réglementer dans ce sens, soit prévoir au contrat notarié d'achat de chacun des terrains, une bande de protection, une zone de non-intervention supplémentaire. Également, l'état fragile de certaines rives peut amener à réglementer sévèrement la navigation à venir sur le lac.

L'analyse du réseau hydrographique

Il faut procéder à l'analyse du circuit de drainage de l'ensemble du bassin-versant où le nouveau projet doit s'intégrer. L'important est de voir de quelle eau on hérite en amont. S'agit-il de l'eau de drainage d'une terre agricole? S'agit-il de l'eau de ruissellement d'une zone urbanisée, fortement imperméable, qui est apportée en quantité importante lors de fortes pluies?

Les cours d'eau intermittents ont un débit qui varie selon la saison.

Ensuite, on étudie plus en détail le drainage des terrains compris dans le nouveau projet. L'analyse du réseau hydrographique suit. Il faut identifier où se trouvent les cours d'eau qui récupèrent l'excédent d'eau. Une attention spéciale est apportée aux **cours d'eau intermittents.** Souvent négligés, voire même ignorés, ceux-ci ont un rôle très important lors de fortes pluies et surtout lors de la fonte des neiges. Les éliminer, sans prendre en considération leur utilité, crée des problèmes de drainage à coup sûr. L'analyse permet de savoir comment sera pris en charge le drainage des futurs chemins municipaux.

Cours d'eau intermittent

Cours d'eau, généralement petit, dont l'écoulement est discontinu. Le ruissellement de l'eau dépendant directement des précipitations et de la fonte des neiges. Il est sec à certaines périodes de l'année.

Pour ce qui est du drainage de surface des nouveaux terrains résidentiels, fait récent, il faut maintenant considérer la prise en charge *in situ* des eaux pluviales, soit le rejet «0» des eaux de ruissellement, dans le plan de développement.

L'analyse des sols

Il faut également faire l'analyse des sols pour déterminer la nature de ceux-ci, leur niveau de percolation, leur pente et leur degré de compaction. Cette analyse est importante, car elle permet de déterminer quelles zones peuvent être développées sans risquer d'avoir des problèmes d'érosion. Elle identifie les sols comportant la meilleure capacité portante pour les bâtiments à implanter. Elle délimite les zones qui offrent le meilleur potentiel d'infiltration.

Les terrains ayant de fortes pentes doivent être plus grands afin d'inclure des parties plus planes pour l'implantation de bassins de rétention et d'infiltration (voir le chapitre *Contrôler le ruissellement autour des résidences*).

Les sols fortement organiques ont une rétention naturelle. Les développer peut occasionner des problèmes de ruissellement et d'implantation de bâtiments.

Unité de paysage

Portion de territoire caractérisée par un même degré d'homogénéité et de cohérence visuelle.

L'analyse du paysage

Il faut finalement faire l'analyse des 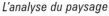 pour déterminer les vues importantes à protéger. Cette analyse permet aussi de déterminer la capacité d'accueil visuel des terrains, c'est-à-dire la limite d'implantation de bâtiments et d'infrastructures avant que le paysage ne s'en trouve banalisé ou altéré de façon significative.

Lors de l'implantation d'une villégiature, il faut considérer l'ensemble du paysage.

L'objectif est de conserver une allure naturelle au lac. On favorise donc une bande riveraine profonde. On fait une proposition d'implantation de chaque bâtiment devant être construit sur chacun des lots afin de les intégrer le mieux possible. Un bon plan de développement doit déterminer en premier lieu la quantité maximale de bâtiments pouvant être implantés aux abords du lac, la capacité d'accueil paysagère, plutôt que d'entasser le nombre maximal de lots permis par la réglementation municipale. L'intégration visuelle des bâtiments se fait en considérant la végétation naturelle existante et la topographie du site.

La conception

Armé des différentes analyses précédentes, on procède à l'étape de la conception du plan de développement. Cette conception se fait en fonction des objectifs de développement que le projet se fixe : gestion des vues, intégration paysagère, ruissellement zéro, etc.

Les outils de communication

Chacun des éléments analysés précédemment est transposé de façon graphique. Les milieux naturels à protéger sont indiqués sur un plan. Les milieux naturels devant subir une modification ou une élimination sont accompagnés de propositions de compensation.

Un deuxième outil, le plan de nivellement, indique comment le drainage des nouvelles zones qui seront développées s'intègre au réseau existant.

Un autre plan indique les zones de sols à protéger ainsi que le potentiel de développement du reste du territoire avec une pondération allant de fort à faible.

Le plan d'intégration paysagère, quant à lui, indique de quelle façon sont conservées les vues importantes et comment est gérée l'intégration de chacune des composantes du projet (bâtiments, routes, etc.).

Les mesures de compensation

Chaque impact doit faire l'objet d'une mesure de compensation, sinon le paysage, le projet, perd de la valeur. Tout élément perturbateur de l'écosystème en place doit être pris en considération et doit être compensé par un aménagement pertinent, minimalement équivalent.

Repenser un secteur d'habitation existant

Que faire avec un domaine de villégiature existant qui n'a pas été pensé selon des principes responsables de développement? La tâche est plus compliquée, car tous les intervenants concernés dans un bassin-versant donné ne sont pas tenus, du moins pas encore, par la même stratégie globale déterminée dans le plan de développement d'un nouveau projet. Toutefois, l'approche des inventaires et des analyses demeure la même. Il faut connaître la nature du territoire visé avant de porter des actions.

En plus des analyses décrites précédemment, il faut ajouter celle des problèmes existants: pollution par les sédiments, pollution des autres eaux, pollution visuelle, pollution sonore, etc.

La concertation

Pour qu'un projet soit réussi, il faut que les acteurs du milieu se concertent.

Pour trouver des solutions aux problèmes d'un bassin-versant visé par une prise en charge du milieu, pour repenser un domaine, un quartier, il faut commencer par une concertation. Plus le comité réussit à intégrer d'intervenants, les résidants, mais aussi les agriculteurs, les gestionnaires récréatifs et la municipalité, plus rapides et meilleurs sont les résultats.

Une démarche obligatoire et gagnante

Plusieurs intervenants se découragent de voir les étapes à franchir et les différentes personnes à convaincre. De plus, les résultats découlant des actions entreprises sont souvent peu visibles les premières années. Une seule certitude toutefois. On ne peut plus reporter à plus tard cette nouvelle approche durable. Les problèmes sont présents actuellement et ils sont criants. Une bonne planification permettra assurément, en quelques années, de régler bien des problèmes.

Le plan d'action

Après les analyses, il faut concevoir un plan d'action. Celles-ci sont réparties dans le temps. Les priorités sont définies par le milieu, en fonction des problèmes existants. Certains identifieront la mise aux normes des fosses septiques, d'autres auront une planification agressive du ruissellement. Le chapitre *Contrôler le ruissellement autour des résidences* est un guide précieux. D'autres auront identifié le piètre état des rives du lac ou encore les fossés agricoles chargés de sédiments en amont.

Le plan d'action doit prendre en compte tous les aspects du territoire à développer.

Un projet de développement durable s'intègre harmonieusement au paysage.

Un projet de développement durable

Ces actions doivent faire partie d'un plan d'ensemble, une vision commune pour la totalité du bassin-versant. C'est à l'avantage de tous de vivre dans un environnement de qualité. Un plan d'action doit comporter des principes environnementaux pour améliorer l'écosystème du lac. Il doit aussi proposer des principes sociaux, une prise en charge collective des problèmes immédiats et de la gestion à venir des responsabilités de tous. Il doit présenter aussi des principes économiques, prendre en considération la capacité financière de tous de réaliser les actions immédiates et surtout l'implication financière future de toute « non-action » nécessaire.

Grâce à un tel processus, chacun ressort gagnant de la réalisation du plan d'action. Les propriétaires obtiennent en retour l'appréciation de la valeur de leurs propriétés, car elle fait alors partie d'un milieu sain. La municipalité séduit avec son image verte, mais surtout elle démontre son souci d'offrir à ses citoyens un cadre de vie sain. Les terrains sont convoités, la région est prisée et le développement économique favorisé.

Certaines municipalités, certaines régions ont déjà compris l'importance d'un environnement sain, d'une bonne planification du territoire et elles profitent à juste titre des retombées qui les accompagnent.

Nul besoin de détruire la bande riveraine
pour jouir des bienfaits d'un lac.
C'est ce que ces riverains ont compris.

Contrôler le ruissellement autour des résidences

Michel ROUSSEAU et Daniel LEFEBVRE

ON SAIT MAINTENANT que le ruissellement est une des sources importantes de pollution des lacs et des cours d'eau. On a l'impression toutefois que ce phénomène se passe uniquement sur de grandes terres laissées à nu. Le ruissellement s'y fait certes, mais il existe aussi à d'autres endroits.

Le phénomène d'érosion et de lessivage des sédiments de surface a cours même sur les terrains résidentiels. Chaque propriétaire doit considérer qu'il est responsable de la qualité de l'eau qui ressort de son terrain.

Qu'en est-il des terrains résidentiels sur le bord du lac ? La pire approche à utiliser pour ce petit coin de paradis lacustre est d'y importer les habitudes de la ville, c'est-à-dire d'acheminer l'eau de drainage pluvial le plus rapidement possible hors du terrain. Les exemples sont malheureusement nombreux.

On doit plutôt adopter le principe de rejet « 0 » des eaux pluviales, aménager des ouvrages de rétention et d'infiltration qui agrémentent le terrain afin d'améliorer à coup sûr la santé des lacs et des cours d'eau.

Cependant, pour mieux comprendre le ruissellement des eaux de surface sur les terrains résidentiels, il faut commencer par en identifier les sources.

Les sources des eaux de ruissellement et les moyens de les enrayer

Les sources des eaux de ruissellement proviennent à la fois des parties construites et plantées du terrain. Toutefois, pour chaque problème il existe des moyens d'enrayer le ruissellement de l'eau et de favoriser la percolation dans le sol.

Les toitures

Les problèmes

Sur une maison, le toit est une surface imperméable et presque 100 % de l'eau de pluie qui y tombe doit être gérée. L'eau y ruisselle et entraîne les poussières qui s'y sont accumulées. Maintenant légèrement contaminée, elle dégoutte dans les gouttières ou directement sur le sol.

Généralement, l'eau des gouttières est acheminée dans un drain qui évacue l'eau du terrain. Il arrive aussi qu'elle s'écoule à grande vitesse de la gouttière et qu'elle aille éroder le sol au pied de celle-ci avant de ruisseler ailleurs sur le terrain.

On ne parle ici que de l'eau du toit et, déjà, le problème du ruissellement de surface est présent et commence son travail destructeur.

Les toits sont des surfaces très imperméables.

Les solutions

Il existe plusieurs options. Dans le cas d'un toit imperméable, une des solutions est de récupérer les eaux de pluie qui coulent des gouttières dans des barils. L'objectif est d'intercepter ces eaux avant qu'elles n'aillent ruisseler sur le terrain. Un baril peut emmagasiner une bonne quantité d'eau et permettre sa réutilisation pour arroser les plates-bandes par exemple. Il existe de nombreux modèles sur le marché et certains sont même conçus avec un système de trop-plein redirigeant le surplus vers un autre endroit. On peut utiliser l'eau en arrosant par gravité. Pour obtenir une pression suffisante, on peut aussi employer une petite pompe submersible. Certains systèmes sont munis d'un dispositif leur permettant de demeurer en place durant l'hiver sans subir d'avaries.

Avec des barils on peut récupérer les eaux de pluie qui coulent du toit.

Il est également possible d'emmagasiner l'eau de pluie dans des citernes, d'une plus grande capacité qu'un baril, enfouies dans le jardin. On peut réutiliser l'eau accumulée à l'aide d'une pompe.

L'eau de pluie provenant du toit peut aussi être récupérée dans un jardin pluvial (voir à ce sujet la section *Les ouvrages de filtration – Le jardin pluvial*).

De nouvelles techniques, de plus en plus populaires, consistent à installer des toitures vertes ou végétalisées. Sommairement, ce type de toit se compose d'une membrane imperméable, d'une membrane permettant d'emmagasiner l'eau, d'une couche de terreau et de plantes. Les avantages d'une telle toiture sont nombreux :

- elle permet de retenir une bonne partie de l'eau de pluie et évite que celle-ci se transforme en eau de ruissellement ;
- elle empêche le réchauffement de l'eau ainsi que de l'air ambiant comme le fait une toiture standard, procurant ainsi un meilleur confort et diminuant les problèmes liés à une eau de ruissellement chaude ;
- elle permet de diminuer l'écart de température du grenier durant l'été, protégeant ainsi la structure du bâtiment et procurant un plus grand confort. Cette situation entraîne une baisse de la consommation énergétique pour la climatisation ;
- elle offre à la petite faune un espace vert supplémentaire ;
- elle procure aux propriétaires une surface plus attrayante qui peut être utilisée comme espace de détente.

On n'a pas encore exploré toutes les manières de végétaliser une toiture.

Les allées véhiculaires dites « entrées de garage »

Les problèmes

Pour ces surfaces, les gens choisissent habituellement un matériau imperméable, comme du béton bitumineux (asphalte) ou du pavé de béton, pour que le drainage soit rapide et efficace.

Lors d'une pluie, on assiste alors au même résultat que pour les toits. L'eau ruisselle sur la surface imperméable et ramasse les poussières et les sédiments qui y traînent. L'eau, quelque peu contaminée, est rapidement acheminée dans le chemin ou la rue pour être envoyée, dans la plupart des cas, dans le réseau municipal de drainage.

Les solutions

Pour ces voies utilitaires, là où la situation et les règlements municipaux le permettent, on a recours à une surface perméable composée de gravier. On obtient ainsi une surface de roulement agréable, propre, durable et qui se draine bien. Pour les endroits où l'utilisation de surfaces imperméables est nécessaire, on peut drainer les eaux de drainage de manière latérale, c'est-à-dire de côté pour les diriger ensuite vers un jardin pluvial.

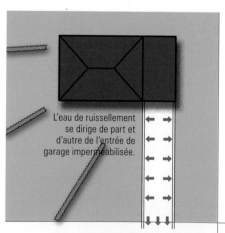

L'eau de ruissellement se dirige de part et d'autre de l'entrée de garage imperméabilisée.

Drainage transversal – Plan

Drainage transversal – Élévation

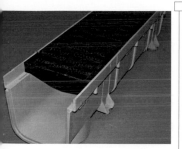

Caniveau avec grille

Il est également possible d'intercepter les eaux de drainage d'une surface imperméable au moyen d'un caniveau avec grille. Ainsi, on évite d'envoyer les eaux de ruissellement dans la rue. On les redirige plutôt du caniveau vers un bassin ou un jardin pluvial.

Depuis peu, il est possible d'utiliser du pavé de béton dit perméable. En fait, il s'agit plutôt d'une technique qui consiste à créer des interstices plus grands que normaux entre les différents pavés. De cette manière, l'eau de ruissellement peut s'infiltrer. Ces espaces ou interstices sont créés à l'aide de petits espaceurs de plastique vendus par les compagnies de pavés.

Dans le même ordre d'idées, on a aussi recours à une fondation granulaire perméable.

DES RECOMMANDATIONS AVANT-GARDISTES

La ville de Québec fait la recommandation d'utiliser le pavage perméable dans son nouveau *Guide d'aménagement environnemental des ruelles de Québec*. Un des objectifs de la Ville étant de conserver l'eau sur le site en favorisant l'infiltration dans le sol de l'eau de pluie et en rechargeant la nappe phréatique plutôt que de surcharger le réseau municipal d'égout pluvial lors de fortes pluies.

Les terrasses et autres équipements récréatifs

Les problèmes

Les terrasses, les bords de piscine et autres surfaces récréatives occasionnent le même genre de problème de ruissellement que les allées. Dans ces cas, non seulement les eaux de ruissellement se chargent de contaminants, mais les surfaces imperméables ont également pour effet de réchauffer l'eau. Ce phénomène est particulièrement marqué sur des surfaces foncées comme le béton bitumineux.

Les terrasses sont, généralement, une source d'imperméabilisation.

On sait aujourd'hui que l'«eau chaude» perturbe à sa façon les lacs et les cours d'eau. Elle favorise le développement des algues et des bactéries et elle accélère l'évaporation dans l'air de l'oxygène présent dans l'eau. Ce dernier phénomène active la libération du phosphore fixé aux sédiments dans le fond du lac, rendant celui-ci disponible pour les algues bleues.

Les solutions

Pour les espaces récréatifs, il est préférable de limiter les zones minérales imperméables aux endroits d'utilisation intensive nécessitant ce type de revêtement comme les terrasses au sol ou le bord des piscines.

Comme pour les allées, si on opte pour une surface imperméable, on dirige les eaux de ruissellement vers une zone de captation, un jardin pluvial.

La plupart du temps, on favorise l'utilisation de surfaces perméables comme les pierres naturelles ou les graviers. Dans le cas d'une surface de pierres naturelles, le drainage se fait par les joints, à condition d'y prévoir un matériau poreux. Il faut aussi mettre en place une fondation poreuse, telle que la pierre concassée de 20 mm (¾") au lieu de la pierre concassée 0 à 20 mm (0 à ¾") standard.

Pour ce qui est de l'utilisation de graviers naturels, il en existe une grande variété possible, allant du beige au brun en passant par le rose ou le vert. Ils offrent une surface agréable pour marcher. Il suffit d'un souffleur à feuilles, électrique il va sans dire, pour éviter qu'une couche de matière organique s'y dépose à l'automne.

La pelouse

Les problèmes

La pelouse, même s'il s'agit d'une surface végétale, contribue elle aussi au problème de ruissellement. En fait, il ne s'agit pas d'une surface parfaitement poreuse. La pelouse est en partie imperméable. En outre, plus elle est cultivée sur un sol imperméable, tel que de l'argile (glaise), moins la percolation est facile.

Percolation

Écoulement lent des eaux de ruissellement dans la terre.

Il faut aussi savoir que la surface d'une pelouse est quelque peu lisse. C'est pourquoi une partie de l'eau y glisse. Ce phénomène est particulièrement accentué dans une pente. En général, la pelouse retient donc peu l'eau de pluie.

Un autre défaut de la pelouse industrielle, c'est que pour atteindre de hauts niveaux d'esthétisme, on doit utiliser des pesticides et des fertilisants. Si les pesticides sont bannis des terrains du Québec depuis 2003, ils persistent dans l'environnement. C'est pourquoi on en trouve encore dans les cours d'eau aujourd'hui. En ce qui a trait aux fertilisants, ils

Les pelouses ont un taux de percolation qui décroît très rapidement lorsque le sol est compacté et mince.

sont encore très utilisés. Plusieurs jardiniers se donnent bonne conscience en utilisant des produits dits naturels. Même si ceux-ci sont biodégradables, ils vont quand même aboutir très rapidement et en grande quantité dans les cours d'eau. Leur action polluante est en fait presque la même que celle des produits dits chimiques.

Donc, l'eau de pluie qui ruisselle sur une pelouse transporte au passage les fertilisants non captés par les sols. Elle entraîne également avec elle, les brins d'herbe coupés qui contiennent les fertilisants qui ont servi à leur croissance. Dans ces fertilisants se trouve un des principaux responsables des algues bleues, le fameux phosphore, mais aussi de l'azote.

Les solutions

Comme la pelouse n'est pas la surface idéale pour la percolation, elle doit plutôt être utilisée comme une surface de circulation occasionnelle. On aménage donc des corridors gazonnés pour des circulations peu fréquentes. Ces zones gazonnées sont mises en place avec 15 cm (6") de terre à gazon qui se draine bien. On peut également procéder à des amendements de sol si ce dernier ne possède pas les caractéristiques nécessaires pour une pelouse.

On évite aussi d'engazonner des pentes fortes, surtout si elles doivent être utilisées comme sentier.

Les surfaces de pelouse servant habituellement à couvrir le reste du terrain peuvent avantageusement être remplacées par des plates-bandes. On peut aussi les remplacer par des couvre-sol ou encore en implantant une écopelouse (voir à ce sujet *L'écopelouse – Pour une pelouse vraiment écologique* par Micheline Lévesque chez le même éditeur).

Les plates-bandes retiennent et absorbent de grandes quantités d'eau de ruissellement.

Les plates-bandes

Les problèmes

Les plates-bandes de végétaux qui ornent les terrains peuvent elles aussi contribuer au problème de ruissellement. Fort heureusement, elles peuvent surtout aider à régler le problème.

Il faut aussi savoir que, si les plates-bandes ne sont pas recouvertes de paillis ou de couvre-sol végétal, c'est-à-dire que le sol est à nu, l'eau de ruissellement entraîne les sédiments en surface et les fertilisants si on en applique.

Les solutions

Le regroupement de plusieurs plantes dans un massif est une méthode efficace et esthétique d'aménager un terrain. Encore une fois, en s'inspirant de la nature, on obtient de meilleurs résultats. De plus, il faut aussi penser à protéger la surface du sol où les végétaux sont plantés avec un paillis ou un bon couvre-sol végétal.

Bien entendu, il faut planifier les plates-bandes avec des plantes adaptées au climat, aux conditions d'ensoleillement et de sol pour bien réussir. L'ouvrage *Fleurs et jardins écologiques – L'Art d'aménager des écosystèmes* par Michel Renaud chez Bertrand Dumont éditeur offre une approche complète pour réussir ces types d'aménagements.

L'utilisation de plantes indigènes, c'est-à-dire qu'on observe à l'état naturel au Québec, est souvent une des meilleures avenues à explorer. Non seulement ces plantes sont parfaitement adaptées aux conditions climatiques, mais elles ne requièrent que peu de soin et elles servent également à abriter et à nourrir la faune locale. Il existe beaucoup d'espèces, plusieurs fort intéressantes et spectaculaires. On compte maintenant plusieurs pépinières qui se spécialisent dans ce genre de culture.

Il est également possible d'aménager un **xéropaysage**. Ce type de jardin utilise des plantes qui requièrent un minimum d'eau pour croître, réduisant ainsi l'utilisation de cette ressource.

Xéropaysage

Ensemble de techniques visant à créer des aménagements ne nécessitant que peu ou pas d'arrosage.

Les espaces boisés

Les problèmes

Pour ceux qui ont la chance d'avoir une parcelle de leur terrain qui est boisée, il faut s'assurer le plus possible que celle-ci demeure dans son état naturel. On doit surtout éviter de procéder au «nettoyage» de ces petits espaces. Enlever toutes les plantes herbacées, arbustives et les petits arbres pour ne garder que les beaux gros arbres matures est une très mauvaise idée. Il faut aussi bannir la pratique qui consiste à «faire ça propre» en enlevant, avec beaucoup d'efforts, les feuilles mortes qui recouvrent le sol.

Les espaces boisés jouent un rôle très important dans la gestion des eaux de ruissellement.

Toutes ces actions d'urbains non avisés sont fort dommageables. Lorsque l'eau de ruissellement y fait un détour, il ne reste plus aucun obstacle pour ralentir sa course et favoriser son absorption par le sol. On n'est alors plus seulement en présence de sédiments qui sont transportés dans le lac ou ailleurs, mais on assiste également à l'apparition de rigoles et au transport de la couche de terre de surface par l'érosion.

Les solutions

Il est primordial de conserver intactes les conditions naturelles des espaces boisés. En maintenant les strates herbacées et arbustives, ainsi que la jeune strate arborescente, on maximise la rétention de l'eau et obtient un milieu vivant.

Le maintien d'une couche de feuilles mortes au sol procure non seulement un bon paillis, mais aussi la future couche d'humus qui alimentera tous les végétaux présents. Une zone boisée en bonne santé peut constituer un excellent bassin d'infiltration des eaux de ruissellement.

Établir une stratégie globale et simple

S'il est possible d'identifier des sources de ruissellement et de trouver des solutions pour en réduire les effets, il est encore plus intéressant de mettre en place une stratégie globale pour en réduire significativement les répercussions.

Le contrôle à la source

Le ruissellement étant un des principaux problèmes de pollution des lacs et des cours d'eau, il faut s'attaquer à la source du problème, et cela de façon individuelle. Tous les citoyens sont responsables de la qualité de l'eau des lacs et des cours d'eau puisqu'ils rejettent tous des eaux de ruissellement contaminées. C'est pourquoi il est intéressant de chercher à élaborer une stratégie globale.

En ce qui concerne les eaux de pluie, le premier objectif est de les contrôler à la source. En observant chacune des parties du terrain (toiture, allées, terrasses, pelouse, plates-bandes, etc.), il faut réfléchir à la façon la plus efficace de contrôler les eaux de ruissellement. Il faut aussi s'efforcer de trouver les solutions qui conviennent le mieux à chaque cas particulier. La tâche est relativement simple. En fait, il ne sert à rien de tenter d'inventer quoi que ce soit, toutes les méthodes, tous les matériaux nécessaires sont vendus sur le marché.

Une stratégie doit être élaborée pour l'été et une autre pour l'hiver.

On doit rechercher à contrôler les eaux de pluie à la source.

La fonte des neiges apporte de grandes quantités d'eau qu'il faut gérer adéquatement.

La gestion de la fonte des neiges

Pour la saison froide, il faut voir où sera entreposée la neige. Idéalement, celle-ci sera conservée sur le terrain. Pour éviter les problèmes reliés à l'utilisation de sels de déglaçage, qui pourraient terminer leurs courses dans les plates-bandes lors de la fonte des neiges et endommager les plantes, on a davantage recours à l'emploi de petits graviers et de sable. Ceux-ci sont inoffensifs pour les végétaux.

Pour les situations où les sels de déglaçage sont nécessaires (fortes pentes, personnes âgées à risque...), il faut aménager un marais filtrant printanier à l'endroit où s'accumuleront les eaux lors de la fonte des neiges. Voir à ce sujet la section *Le marais filtrant printanier* dans le présent chapitre.

De plus, il ne faut pas oublier que l'hiver, il n'y a aucune percolation dans le sol même lors de pluies. On doit donc porter une attention particulière au drainage de toutes les surfaces enneigées.

La gestion des eaux pluviales estivales

Avant de mettre en place des mesures pour gérer adéquatement les eaux de ruissellement, il faut bien définir les objectifs que l'on poursuit.

OBJECTIF N° 1 : Amplifier le taux de percolation

Pour atteindre cet objectif, il faut favoriser les surfaces ayant le plus haut taux d'infiltration, autrement dit les surfaces ayant le taux d'imperméabilisation le plus faible.

POURCENTAGE DE PERCOLATION DES DIFFÉRENTS TYPES DE SURFACES ET DE SOLS

Surface de béton bitumineux (asphalte)	5 à 30 %
Surface de pavé de béton	15 à 30 %
Surface gazonnée sur un sol argileux	80 à 85 %
Plate-bande sur un sol argileux	85 à 90 %
Surface gazonnée sur un sol sablonneux	90 à 95 %
Plate-bande sur un sol sablonneux	90 à 95 %
Espace boisé sur un sol organique drainant	95 % et +

Note : Ce taux est fixé pour une pente inexistante à très faible.

Le tableau de la page précédente démontre bien, qu'en situation de terrain plat, une plate-bande a un taux de percolation plus élevé qu'une surface gazonnée, qui elle a un taux plus élevé qu'une surface pavée perméable.

Pour savoir si l'eau s'infiltre facilement dans un sol, il faut déterminer son type. Un sol sablonneux permet une très bonne percolation des eaux de ruissellement. À l'opposé, les sols argileux, limoneux ou fortement organiques laissent peu percoler l'eau. Il faut alors adopter une stratégie différente. Dans ces conditions, on a davantage recours à différents aménagements pour diriger l'eau de ruissellement.

Dans les objectifs de percolation, il faut aussi considérer le degré de compaction du sol. Un sol compacté laisse difficilement percoler l'eau. Ainsi, un sol sablonneux-limoneux, qui se draine très bien en temps normal, sera peu perméable s'il est compacté.

Pour connaître la nature du sol, il existe plusieurs tests maison, mais on peut aussi procéder à un test de sols et de percolation par un laboratoire certifié.

PERMÉABILITÉ MOYENNE DES SOLS

Sable	50 à 200 mm/h
Limon sableux	25 mm/h
Limon	15 mm/h
Limon argileux	10 mm/h
Argile silteuse	2,5 mm/h
Argile	0,5 mm/h

Notes : 1) mm/h = millimètre par heure. 2) un sol argileux laisse infiltrer 5 fois moins d'eau qu'un sol limoneux-sableux. Par conséquent, un bassin de rétention sur un sol argileux doit être 5 fois plus gros qu'un bassin sur un sol limoneux-sableux pour la même pluie.

Dans un sol argileux, l'eau percole moins rapidement que dans un sol sableux.

Le fait que l'eau circule en suivant les méandres de la rivière ralentit sa vitesse, ce qui facilite son infiltration.

OBJECTIF Nº 2 :
Ralentir la vitesse d'écoulement

Pour atteindre cet objectif, deux actions peuvent être faites.

1) Augmenter le temps de parcours

Dans les faits, plus l'eau ruisselle rapidement, plus son potentiel d'érosion est grand. Plus elle circule lentement, plus elle a la chance de pouvoir s'infiltrer dans le sol. Une bonne stratégie consiste donc à ralentir sa progression.

Pour ce faire, on cherche à augmenter le temps de parcours. Plus l'eau de ruissellement prend du temps pour atteindre son point de destination, moins elle fait de dommage. Une bonne solution consiste à faire circuler l'eau de ruissellement en zigzag dans une pente. On n'a qu'à s'inspirer de la forme d'une rivière à méandres, ces rivières au cours sinueux et lent.

2) Diminuer les pentes

Un autre moyen de ralentir la vitesse d'écoulement est de diminuer les pentes. En effet, plus la pente est forte, plus la gravité terrestre attire rapidement l'eau de ruissellement vers le bas. On doit donc étudier toutes les stratégies qui permettent de réduire l'inclinaison des pentes sur un terrain.

Lorsque les pentes fortes ou continues sont inévitables, lorsqu'on ne peut ralentir la vitesse d'écoulement seulement en nivelant le sol, on a alors recours à des bandes d'interception.

LES BANDES D'INTERCEPTION

Ces bandes ont pour fonction d'intercepter les eaux de ruissellement, les retenir temporairement, permettre une infiltration ou une redirection et ensuite évacuer le surplus d'eau accumulée. Ce surplus a alors perdu une bonne partie de son énergie cinétique, sa vitesse d'écoulement aura été considérablement ralentie.

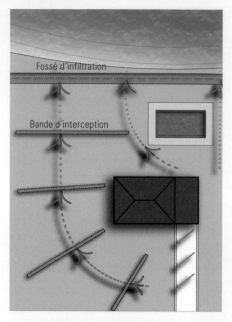

Fossé d'infiltration

Bande d'interception

BANDES D'INTERCEPTION

Ce type d'ouvrage peut être installé dans une pente continue. Il ne constitue ni plus ni moins qu'un petit barrage. Les bandes d'interception peuvent être constituées d'un rehaussement de sol ou encore d'une rigole creusée. Leur implantation est transversale à la pente d'écoulement. L'eau récupérée peut alors s'infiltrer dans un sol perméable ou être redirigée dans un bassin de rétention dans le cas de sols non perméables.

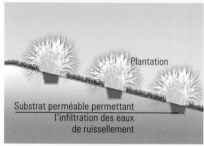

Plantation

Substrat perméable permettant l'infiltration des eaux de ruissellement

Plantation

Substrat perméable permettant l'infiltration des eaux de ruissellement

Bandes d'interception encaissées   *Bandes d'interception surélevées*

OBJECTIF Nº 3 : Orienter le sens d'écoulement

LOIN DES BÂTIMENTS

Pour des raisons sanitaires et de sécurité, on doit éloigner les eaux de surface du bâtiment.

En plus de devoir ralentir la vitesse d'écoulement de l'eau, il ne faut pas la laisser aller où elle veut. On doit identifier le chemin qu'elle prend sur le terrain. Si ce chemin n'est pas compatible avec l'utilisation du terrain, ou encore s'il cause des problèmes, on doit alors mettre en place des aménagements.

OBJECTIF Nº 4 : Contrôler les points de destination

Le quatrième et dernier objectif d'une bonne stratégie de gestion des eaux de ruissellement est de contrôler le point d'arrivée, le point de destination de l'eau. Ce dispositif peut comporter plusieurs points d'arrivée, particulièrement sur des terrains avec de fortes pentes ou encore avec des sols peu perméables.

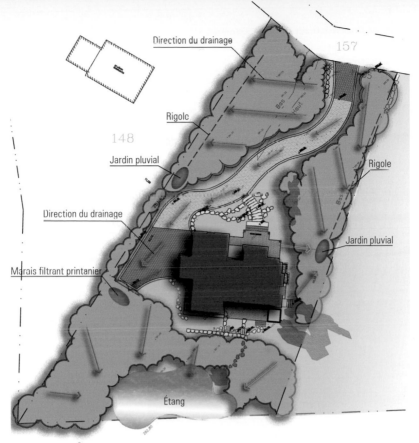

Direction du drainage

157

Rigole

148

Jardin pluvial

Rigole

Direction du drainage

Jardin pluvial

Marais filtrant printanier

Étang

Un plan identifiant les stratégies de drainage doit faire partie d'une bonne planification.

Après avoir maximisé l'infiltration dans le sol partout où le terrain le permet, après avoir ralenti le plus possible la vitesse d'écoulement de l'eau de ruissellement, après avoir dirigé cette eau vers les points de destination, il faut maintenant capter cette eau. Différentes techniques existent pour diverses situations constatées et des objectifs distincts.

La planification des ouvrages de captation des eaux de ruissellement

Les ouvrages de captation des eaux de ruissellement sont des aménagements plus ou moins sophistiqués qui permettent d'amplifier le taux de percolation. Soit ils donnent plus de temps à l'eau pour s'infiltrer, soit ils filtrent l'eau de ruissellement.

Avant de sélectionner celui, ou ceux, qui corrigeront le mieux la situation et de les mettre en œuvre, il est nécessaire de bien planifier leur implantation. Plusieurs analyses doivent être faites afin de choisir l'approche optimale.

Déterminer le traitement souhaité

Le type d'ouvrage à aménager dépend du volume et de la manière dont on souhaite disposer de l'eau accumulée.

Le type d'ouvrage à aménager dépend des objectifs que l'on s'est fixés pour disposer de l'eau accumulée. Dans un sol perméable, l'objectif premier est l'infiltration. Dans un sol moyennement perméable, on tente plutôt de retenir les eaux le temps qu'elles puissent s'infiltrer. Dans un sol plus lourd, compacté, peu perméable, la rétention avec comme objectif final une infiltration peut être difficile, car trop lente. On favorise alors un ouvrage qui capte l'eau et la distribue à des plantes qui consomment beaucoup d'eau ou qui se plaisent dans ce type de sol.

Déterminer le volume à recueillir

Après avoir établi l'emplacement des points d'arrivée et quel rôle doivent remplir les ouvrages de captation, il faut déterminer, dans la mesure du possible, le volume d'eau qu'on doit capter. Le calcul est ardu, mais faisable.

CALCUL DU VOLUME D'EAU À CAPTER

Étape N° 1 : identifier le type d'aménagement (toiture, terrasse, etc.) et calculer sa superficie. Dans le cas de la pelouse et des plates-bandes, il faut aussi discerner le type de sol (voir tableau du *Pourcentage de percolation des différents types de surfaces et de sols*).

Étape N° 2 : pour chacune des surfaces, établir le taux d'imperméabilité à l'aide du tableau *Perméabilité moyenne des sols*.

Étape N° 3 : calculer ensuite la quantité moyenne d'eau reçue en multipliant le chiffre établi pour la superficie par son taux d'imperméabilité. Ensuite, multiplier ce résultat par la quantité moyenne d'eau de pluie reçue dans la région (selon le tableau *Calcul du volume d'eau à recueillir*).

Idéalement, il faut faire les calculs en fonction d'une pluie dont la récurrence est de 2 ans [pluie à récurrence 2 ans]. Pour simplifier le présent exemple, le calcul est fait pour une pluie de 25 mm tombée en 24 heures.

Toute pluie plus forte ne pourra donc pas être captée. Si le terrain et le budget le permettent, la captation des eaux de pluie d'une récurrence de 20 ans serait préférable.

STATISTIQUES

On peut trouver des statistiques concernant la pluviométrie d'une région sur le site d'Environnement Canada.

Pluie à récurrence 2 ans

Forte pluie qui a lieu statistiquement une fois tous les deux ans.

CALCUL DU VOLUME D'EAU À RECUEILLIR

Situation : terrain de 900 m², sol limoneux, pente très faible

Quantité de précipitations par 24 h : 0,025 m ou 25 mm

SURFACES	SUPERFICIE	INFILTRATION	VOLUME
Toiture du bâtiment	100 m²	0 %	2,50 m³
Entrée de garage	50 m²	5 %	1,19 m³
Pelouse	500 m²	87 %	1,63 m³
Plates-bandes	250 m²	92 %	0,50 m³
Total	900 m²		5,81 m³

Note : Le volume d'eau recueilli par la toiture du bâtiment et celui de l'entrée de garage représentent à eux deux plus de 60 % du volume total, même s'ils ne comptent que pour 17 % de la superficie totale.

LES EAUX STAGNANTES

À cause du phénomène du virus du Nil, les autorités en santé publique ont fait beaucoup de recommandations pour que les gens évitent de laisser des eaux stagnantes sur leurs terrains. Les moustiques porteurs du virus se re-

produisent en effet dans ce type de milieu. Ce qu'il faut savoir concernant le cycle de reproduction des moustiques, c'est qu'ils ont besoin que l'eau soit stagnante dans une mare pour une durée d'une semaine. C'est long sept jours pour une eau qui stagne au sol, au soleil, au chaud, sans s'infil-trer dans le sol, sans s'évaporer. Dans ces conditions les ouvrages de captation des eaux de ruissellement ne représentent pas un réel problème. Dans les sols peu perméables, on peut avoir recours à un ouvrage d'évapotranspiration, où l'eau est retenue sous la surface du sol. Il n'y a alors pas de risque d'attirer les moustiques.

Par contre, les récipients étanches, les couvercles de toutes sortes, les pis-cines non utilisées, etc., représentent des endroits de prédilection pour la reproduction des moustiques.

Les différents types d'ouvrages de captation

Ils peuvent être rassemblés en quatre groupes :

- les ouvrages de transit ;
- les ouvrages de rétention ;
- les ouvrages d'infiltration ;
- les ouvrages d'évapotranspiration.

Les ouvrages de transit

Ces ouvrages ont pour but principal de transporter l'eau d'un point à un autre tout en permettant à une certaine quantité d'eau de s'infiltrer dans le sol.

Le fossé

C'est sans aucun doute l'ouvrage de captation le plus connu et le plus utilisé. Employé depuis des millénaires, il sert à relier deux points. Il est implanté par une excavation linéaire du sol.

Il a encore sa place aujourd'hui, mais pas pour diriger l'eau de drainage du point A au point B le plus rapidement possible. Cette action, on le sait maintenant, contribue à accélérer la vitesse d'écoulement de l'eau, à favoriser le déplacement de sédiments et l'érosion qui souvent en découle.

Dans le cadre du contrôle des eaux de ruissellement, on se sert du fossé pour intercepter l'eau de manière transversale, c'est-à-dire perpendiculairement au sens d'écoulement d'une pente. On le met également en place pour ralentir la vitesse d'écoulement de l'eau en augmentant son temps de parcours, notamment en augmentant la longueur du fossé. Le fossé peut aussi servir à favoriser l'infiltration de l'eau dans le sol. Il permet alors de recharger la nappe phréatique. Il faut éviter que l'eau stagne dans un fossé plus d'une semaine. Elle doit percoler ou s'évaporer avant que les odeurs, ou les moustiques, ne fassent leur apparition. Si tel n'est pas le cas, il faut revoir la stratégie et adopter un autre type d'aménagement pour gérer cette eau de ruissellement.

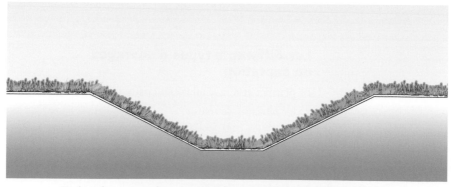

Un fossé devrait avoir des pentes végétalisées respectant un rapport maxumin 1 : 3.

Les fossés fleuris captent plus d'eau…
que les fossés simplement engazonnés.

UN PENSEZ-Y BIEN !

Beaucoup de villes ont, à tort, canalisé leurs fossés simplement pour des raisons, en principe, d'esthétisme. Cependant, un fossé possède une capacité d'emmagasiner l'eau supérieure à un tuyau standard de 30 cm de diamètre. De plus, colonisé de plantes de milieu humide, un fossé est vert et fleuri une bonne partie de l'année… et donc très décoratif. On a aussi oublié que la construction et l'entretien des fossés coûtent moins cher à la municipalité.

La rigole

Il s'agit en fait de la petite sœur du fossé. Souvent sous-estimée, la rigole est l'ouvrage par excellence pour diriger subtilement les eaux de ruissellement sur un terrain.

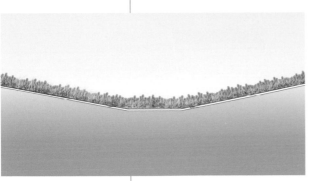

Les rigoles permettent de diriger les eaux de ruissellement.

Concrètement, c'est une petite dépression linéaire à peine perceptible, dans le sol, qui permet de recueillir en son centre l'eau de drainage et de la rediriger au bon endroit. Tout comme le fossé, il faut s'en servir pour ralentir la vitesse d'écoulement.

La rigole permet surtout de diriger les eaux de ruissellement à leur point de destination et, parfois, leur infiltration dans le sol. On s'en sert autant sur une surface pavée, gazonnée ou dans une plate-bande.

La bande filtrante

Il s'agit d'un fossé spécialement aménagé dans le but de maximiser l'infiltration de l'eau dans le sol. Le fond du fossé est composé d'un matériau granulaire très perméable. Le drainage se fait sous cette surface où l'excédent d'eau peut rester de quelques heures à quelques jours, si nécessaire.

Il est également possible de faire des plantation à la surface de ce fossé. On dispose alors une couche de terreau drainant par-dessus la couche granulaire en plaçant une membrane de séparation entre les deux sols.

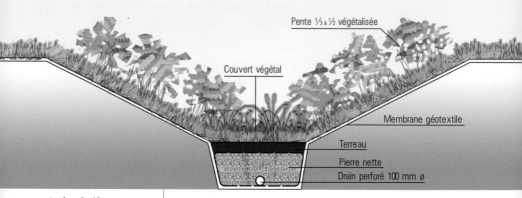

Pente ⅓ à ½ végétalisée

Couvert végétal

Membrane géotextile

Terreau

Pierre nette

Drain perforé 100 mm ø

La bande filtrante permet de maximiser l'infiltration de l'eau dans le sol.

Les ouvrages de rétention

Comme leur nom le laisse supposer, il s'agit d'ouvrages de captage qui retiennent momentanément les eaux de ruissellement afin que celles-ci aient le temps de s'infiltrer dans le sol. Si la pluie est trop forte, si les surfaces qui reçoivent l'eau de pluie ne permettent plus de percolation, on dirige l'eau dans un ouvrage de rétention et on s'assure que l'eau a tout le temps nécessaire, après la pluie, pour percoler. Le volume de ces différents ouvrages doit être calculé pour recevoir tout le volume d'eau de pluie anticipé et calculé tel que vu précédemment dans ce chapitre.

*Une légère dépression
dans le gazon
permet à l'eau
de s'infiltrer dans le sol.*

La zone en dépression

Il s'agit d'une partie du terrain aménagé sous la forme d'un léger creux… comme on en observe dans la nature. D'une part, cette dépression permet d'accumuler l'eau de drainage à un endroit précis, ce qui facilite ensuite son infiltration dans le sol. D'autre part, elle peut aussi servir de zone de rétention temporaire de l'eau, ce qui en ralentit sa vitesse d'écoulement.

Le calcul du volume de rétention est possible, mais il est plus difficile à chiffrer, car il s'agit le plus souvent de grande superficie d'une faible profondeur. Pour estimer les quantités d'eau retenue, on a besoin d'un relevé topographique du terrain.

Le bassin de rétention

Très connu et utilisé dans les villes en développement, ce type d'ouvrage facilite, lors de fortes pluies, l'accumulation temporaire de l'eau, le temps que les tuyaux de drainage du réseau municipal puissent la prendre en charge.

Ce système est devenu très populaire, car il permet aux villes de réaliser des économies importantes. En effet, comme elles ne sont plus obligées d'évacuer toute cette eau en même temps, elles peuvent construire leur réseau avec de plus petits tuyaux. Le volume des bassins de rétention municipaux est souvent calculé pour une pluie à récurrence de 100 ans. Malheureusement, plusieurs villes ont mal planifié et aménagé ces bassins. Dans certains cas, elles ont réalisé des cuvettes en gazon non utilisables. D'autres fois, elles ont tenté d'aménager des terrains sportifs, (football, soccer, etc.), au fond de celles-ci, mais sans succès. Le fond de ces bassins étant soit très sec ou soit très humide pendant quelques jours après une forte pluie, ils sont inutilisables.

Certaines villes ont commencé à les aménager comme des milieux humides. D'autres tâchent de les aménager en milieux naturels, mais aussi à les intégrer dans un réseau vert. Elles travaillent aussi à se servir de ces bassins de rétention comme des ouvrages de filtration et d'infiltration des eaux de pluie. La ville de Québec prépare actuellement un plan directeur des bassins de rétention en ce sens.

À l'image de ce bassin de rétention municipal naturalisé (parc Giovanni-Caboto à Laval, gagnant d'un Phénix de l'environnement), il est possible de mettre en place des bassins de petite taille sur un terrain résidentiel.

Le parc des Falaises à Mont-Saint-Hilaire a des airs de parc paysager. C'est pourtant avant tout un bassin de rétention.

Pour le secteur résidentiel, il est tout à fait possible de transposer ces principes à une plus petite échelle. Le bassin de rétention est en réalité une zone en dépression qui possède une grande capacité de rétention d'eau de ruissellement. Ce bassin peut simplement être aménagé sur une pelouse pour permettre l'infiltration de l'eau dans un sol perméable. Dans les autres types de sols, si l'on veut aménager un bassin de rétention, on peut y ajouter des ouvrages de filtration.

Le calcul de l'eau de ruissellement que l'on désire recueillir est primordial. Il faut éviter de construire un ouvrage qui ne capte pas toute l'eau anticipée. Pour les pluies très intenses qui dépassent la récurrence fixée dans la stratégie, il faut déterminer où et comment se déverse le surplus d'eau du bassin de rétention.

Les ouvrages de filtration

Il s'agit d'une grande nouveauté dans l'approche globale de gestion des eaux de ruissellement. Par le passé, la filtration, si elle était prise en compte, se faisait principalement dans les sols perméables. Aujourd'hui, on est en mesure de le faire dans pratiquement tous les types de sols grâce à plusieurs types d'ouvrages de filtration. Il est possible d'imaginer et de réaliser des ouvrages hybrides de toutes sortes. En milieu résidentiel, on peut simplifier ce type d'ouvrage à deux.

Le jardin pluvial

*Il existe un grand nombre de plantes,
comme ici les primevères du Japon,
que l'on peut utiliser dans un jardin pluvial.*

C'est simplement une zone en dépression, ou un bassin de rétention, recouvert de plantes de milieux humides. Il existe une bonne variété de plantes qui exigent un sol humide (attention, plusieurs de ces plantes ne peuvent être installées ailleurs dans le jardin). Il est donc possible d'aménager un jardin pluvial original.

Le choix doit se faire en considérant le niveau de pH du sol et de l'eau qui s'y draine, le type de sol et la tolérance des plantes à l'inondation. Il ne faut pas oublier de prendre en compte la rusticité et l'ensoleillement.

Un jardin pluvial peut être aménagé seul, à part sur le terrain. Il peut également être disposé au milieu d'une grande plate-bande existante ou qu'on souhaite créer. Pour ne pas contaminer un jardin pluvial, on ne doit pas y envoyer les eaux de drainage qui sont chargées de sédiments.

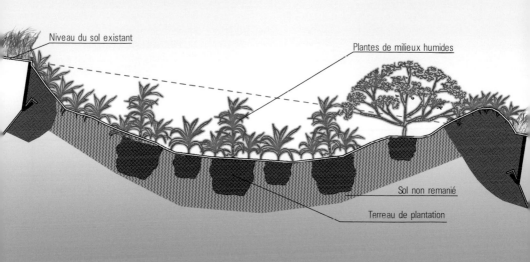

Niveau du sol existant

Plantes de milieux humides

Sol non remanié

Terreau de plantation

Exemple de jardin pluvial

Le marais filtrant

Cet ouvrage de filtration et d'infiltration est très polyvalent. Il peut prendre différentes formes et être aménagé de plusieurs façons. Avant de mettre en place la forme la plus adaptée à la situation, il faut faire une analyse.

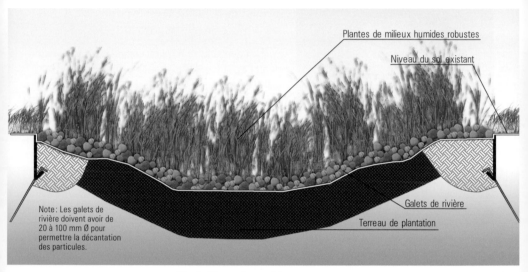

Plantes de milieux humides robustes

Niveau du sol existant

Galets de rivière

Terreau de plantation

Note : Les galets de rivière doivent avoir de 20 à 100 mm Ø pour permettre la décantation des particules.

Marais filtrant de type décanteur

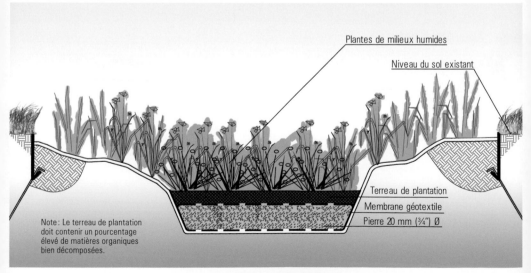

Plantes de milieux humides

Niveau du sol existant

Terreau de plantation

Membrane géotextile

Pierre 20 mm (¾") Ø

Note : Le terreau de plantation doit contenir un pourcentage élevé de matières organiques bien décomposées.

Marais filtrant de type jardin tourbière

Plusieurs espèces de plantes peuvent être utilisées dans les marais filtrants.

L'ENTRETIEN EST IMPORTANT

Lorsque la surface de gravier d'un marais filtrant est colmatée, on doit procéder à l'enlèvement des particules.

Le marais filtrant est principalement utilisé lorsqu'une décantation est nécessaire. C'est le cas des eaux de ruissellement qui contiennent une bonne quantité de sédiments. Quand ceux-ci sont principalement constitués de particules de sol, on aménage une surface de gravier sur le dessus du marais, ou dans un bassin en amont du marais, pour décanter ces particules.

Encore une fois, il faut calculer la quantité d'eau qu'on souhaite filtrer et son niveau de contamination lorsque celle-ci est présente.

Pour les marais avec une surface en gravier, les végétaux de milieux humides sont plantés dans un terreau situé sous ce gravier. Il faut bien choisir les plantes, car celles-ci, plus robustes, sont aussi plus agressives. Attention toutefois aux plantes envahissantes, telles que les phragmites ou les salicaires, qui peuvent conquérir rapidement et de façon permanente les abords des lacs.

Pour les eaux de ruissellement comportant des sédiments tels que le phosphore, on a recours à une autre méthode. La surface de gravier est alors aménagée sous la couche de terreau. Un gravier net, ou de la roche volcanique idéalement, permet au phosphore de s'y déposer et d'être transformé par les bactéries qui y sont fixées. Le phosphore et l'eau accumulée alimentent aussi les plantes qui poussent à la surface.

Les eaux de ruissellement fortement concentrées en phosphore peuvent être traitées par des marais filtrants plus complexes et plus performants. Ils sont peu nécessaires au niveau résidentiel. Ils sont davantage utilisés dans un contexte agricole.

Si l'iris des marais (Iris pseudacorus) est un bon choix pour un marais filtrant printanier, il faut faire attention de ne pas le planter trop près d'un lac pour éviter qu'il s'y retrouve et supplante ensuite l'iris versicolore indigène.

AVERTISSEMENT

Certains arbres qui demandent beaucoup d'eau pour croître sont interdits dans plusieurs municipalités. Avant de les planter, il faut donc se renseigner.

Le marais filtrant printanier

Il est possible aussi de sortir des sentiers battus et d'aménager un marais filtrant printanier. Il s'agit en fait d'aménager un marais qui récupère les eaux de fonte des neiges lorsque celles-ci sont légèrement contaminées de sels de déglaçage. Encore là, un bon choix de végétaux doit être fait. Il faut choisir des plantes qui tolèrent les sols alcalins ou basiques. L'iris des marais, avec son feuillage massif lancéolé et ses fleurs jaunes printanières, peut s'avérer un bon choix.

Certaines plantes indigènes de bord de mer comme la campanule à feuilles rondes et l'iris setosa sont tout indiquées.

DES INSTALLATIONS RÉGLEMENTAIRES

Toute installation d'ouvrages de captation ayant pour but l'infiltration doit se faire en fonction de la réglementation provinciale ou municipale. La distance par rapport à un puits ou encore la profondeur d'eau à partir de laquelle un tel «étang» doit être clôturé varie d'une municipalité à l'autre. La définition d'une profondeur d'eau, permanente ou temporaire, est souvent sujette à interprétation.

Les ouvrages d'évapotranspiration

Assez récente dans le milieu urbain, la nature «utilise» ce genre d'ouvrage depuis la nuit des temps. On l'installe généralement dans les endroits où le sol est très peu perméable, là où l'infiltration n'est pas possible. Il s'adresse donc principalement aux propriétaires de terrains argileux, détrempés, qui ne se drainent pas.

Le jardin tourbière

C'est un aménagement destiné à récupérer l'eau de ruissellement et à la garder captive pour en abreuver des plantes. Pour ce faire, on installe une membrane imperméable, comme celle utilisée pour créer des étangs ou des bassins d'eau, sous une couche de terre. Celle-ci contient une proportion importante de matières organiques et de tourbe de sphaigne (mousse de tourbe). On y installe ensuite des plantes qui se régalent de ce type de conditions.

Il y a des découvertes intéressantes à faire du côté de ce type de plantes. De manière isolée, on peut même songer à des plantes indigènes insectivores typiques de tourbière et vendues dans des pépinières spécialisées!

Eupatoire pourpre

À l'automne les cornouillers stolonifères prennent de belles teintes rouges.

Dans un jardin tourbière, ce sont les plantes qui disposent de l'eau de ruissellement accumulée. C'est grâce à la transpiration de leurs feuilles qu'elles font l'évacuation de l'eau sous forme gazeuse, la vapeur d'eau. Pour réaliser cet objectif, on a surtout recours à des plantes au feuillage abondant et qui requièrent beaucoup d'eau pour croître. L'anémone du Canada et l'eupatoire constituent de bons choix.

Pour un jardin tourbière de petite dimension, on utilise principalement des plantes herbacées. Là où les conditions le permettent et là où la situation l'exige, on peut aménager un plus gros jardin tourbière en y intégrant des arbustes comme le cornouiller stolonifère ou encore des arbres comme l'érable argenté.

Ce dernier peut absorber et consommer une quantité impressionnante d'eau. Attention, sa croissance importante est directement proportionnelle à la quantité d'eau disponible! La pruche, le mélèze et certains frênes peuvent également être utiles dans ce type d'aménagement.

Le jardin tourbière peut aussi être aménagé pour récupérer et filtrer d'autres polluants occasionnels. Dans ces conditions, un choix particulier et avisé des végétaux doit être fait.

La combinaison d'éléments épurateurs

Bon nombre de lacs sont en partie contaminés par des champs d'épuration traditionnels défectueux ou désuets. S'ils ont encore leur place, leur implantation doit être mieux planifiée et surtout surveillée. Ainsi, les nouveaux champs d'épuration dits conventionnels devront être installés dans des sols adéquats ou encore en étant rehaussés par rapport au terrain naturel. Cela évite une contamination de la nappe phréatique ou du cours d'eau avoisinant.

Il existe maintenant plusieurs systèmes d'épuration des eaux usées domestiques qui utilisent soit de la tourbe de sphaigne, soit des bactéries, soit des plantes ou encore une combinaison de ces derniers. Situés en aval de la fosse septique, ils remplacent le traditionnel champ d'épuration fait de gravier et de sable. La plupart de ces systèmes constituent des moyens alternatifs fort intéressants, surtout pour les endroits exigus.

Pour les terrains qui, faute d'espace, ne peuvent être aménagés avec des bandes d'interception, des bassins de rétention et en plus, un champ d'épuration, il est possible de combiner ces éléments. On peut donc imaginer des aménagements novateurs. Ainsi, le champ d'épuration peut devenir un élément intercepteur pour ralentir la vitesse d'écoulement de l'eau. On peut penser aménager au pied du champ, à la distance minimum indiquée dans le *Règlement sur l'évacuation et le traitement des eaux usées des résidences isolées (Q-2, r.8)* du MDDEP, un jardin pluvial qui retient une partie des eaux de ruissellement et facilite leur infiltration dans le sol.

Les équipements de drainage souterrain

Il s'agit d'équipements dont on ne voit pas toujours l'écoulement. Pourtant, ils peuvent avoir une influence importante sur la qualité des eaux du lac.

Les rejets du système d'épuration

L'eau qui sort du système d'épuration doit être propre avant de retourner dans la nature. Le hic, c'est que le niveau de «propreté» de l'eau qui sort dépend du type de système. Le règlement (Q-2, r.8) autorise différents types de rejets en fonction des endroits destinés à les recevoir. Ces choix multiples sont certes justifiables, mais ils peuvent amener certains résidants à faire les mauvais choix et à installer un système non adéquat à proximité d'un lac. Heureusement, les mesures de contrôle au niveau municipal seront resserrées sous peu.

Une salle de bain achalandée génère beaucoup d'eaux usées qui doivent être traitées avant d'être envoyées au lac.

En règle générale, un système d'épuration standard (primaire et secondaire) traite les matières organiques, mais la plupart du temps, certains éléments, comme le phosphore et l'azote, y passent sans encombre. Il existe des systèmes de traitement tertiaire ou des champs de polissage qui permettent de capter ces éléments. Toutefois, il est préférable de prendre l'habitude de n'utiliser aucun produit, principalement les savons, qui contient des phosphates.

Un système d'épuration doit être choisi en fonction de son efficacité, de son rapport qualité-prix, de sa compatibilité avec le terrain et avec la capacité du propriétaire à réaliser les entretiens qu'il requiert.

Les eaux pluviales canalisées

Il faut aussi considérer les rejets provenant de certaines canalisations. C'est le cas des gouttières qui sont raccordées à un tuyau, qui se jette ensuite dans le réseau municipal. Elles doivent absolument être débranchées. On recycle alors l'eau qui y coule en mettant en place les solutions ou les ouvrages de captation appropriés proposés précédemment.

C'est au moment de la construction que les drains français sont installés.

Drain français

Tuyau de drainage installé à la base de la fondation d'un bâtiment. Il sert à évacuer le surplus d'eau du sol. Il est généralement constitué d'un tuyau perforé et est recouvert d'une couche de matériaux drainants.

Il en va de même pour les **drains français** installés autour des bâtiments et qui sont raccordés eux aussi au réseau municipal.

Sur un terrain plat, il est évidemment impossible de disposer du rejet du drain français en surface. Un bassin qui capterait ce rejet devrait être creusé beaucoup trop profondément. La meilleure façon de procéder est de drainer l'eau de surface vers l'extérieur du bâtiment et de s'assurer que le niveau de la terre autour de la maison soit plus haut que le terrain adjacent. Ainsi, on diminue de façon importante l'apport d'eau au drain français.

L'eau des piscines doit être filtrée avant d'être envoyée dans l'égout pluvial.

Les eaux de vidange des piscines

Le sujet des eaux de vidange des piscines est rarement traité dans la gestion des eaux usées et des eaux de ruissellement. Pourtant, au printemps, on assiste malheureusement à des vidanges complètes, directement dans le réseau municipal, de l'eau accumulée pendant l'hiver. Cette eau est carrément gaspillée. Elle hypothèque le réseau municipal de drainage et doit être traitée à nouveau. De plus, elle est remplacée par de la nouvelle eau potable. Il s'agit d'un gaspillage encore une fois.

Une bonne pratique consiste à vidanger les deux tiers de l'eau de la piscine à l'automne. L'espace ainsi créé peut accueillir la neige au cours de l'hiver. Cette vidange doit se faire lorsqu'il n'y a plus de produits chimiques dans l'eau. Ainsi, l'eau peut être envoyée dans un des ouvrages de captation – infiltration sur le terrain. Au printemps, il ne reste plus qu'à traiter cette nouvelle eau provenant de la fonte de la neige avec les produits ou systèmes adéquats. En évitant de remplir une piscine avec de l'eau potable, on réalise un geste écoresponsable tout facile, tout simple.

Au cours de l'été, il faut procéder à plusieurs purges du système de filtration (*backwash*). Cette eau, habituellement chlorée, est généralement envoyée dans le réseau municipal. Du gaspillage encore une fois. Comme cette eau est contaminée par du chlore ou du brome et des algicides, elle ne peut être envoyée directement dans un ouvrage de captation – infiltration. Les plantes réagiraient très mal à cet arrosage. On peut facilement remédier à ce problème en oxygénant l'eau.

Cette rigole d'oxygénation pour les eaux de piscines s'intègre très bien au paysage.

Dans les terrains où la situation le permet, on peut aménager une rigole composée de cailloux, de type galets de 50 à 100 mm de diamètre (2" à 4") afin de faire cascader cette eau. En provoquant de tels mouvements à l'eau, celle-ci s'oxygène, ce qui permet au chlore de s'évaporer. Au bout de cette cascade, l'eau peut alors rejoindre un des ouvrages de captation – infiltration. Cette solution doit être envisagée par ceux qui utilisent un système standard de filtration. Pour ceux qui ne possèdent pas une telle pente sur leur terrain, l'aménagement d'un bassin de rétention – infiltration composé principalement de gros graviers ou de galets est un choix simple et facile.

Un autre geste d'écocitoyenneté pour les propriétaires de piscine est de se procurer un système limitant au maximum l'utilisation de produits chimiques.

La bande riveraine

La bande riveraine est un des éléments identifiés comme étant responsables de la bonne qualité des eaux d'un lac ou d'un cours d'eau. Du point de vue écologique, c'est une des zones les plus riches, car c'est la zone de rencontre de deux mondes: terrestre et aquatique. Elle constitue les poumons des lacs. Plus ces poumons sont «gros», plus ils sont efficaces. Une bande riveraine de 3,00 m de large est moins efficace qu'une bande riveraine de 10 à 15 m. Dans les faits, la protection de la bande riveraine de 10 à 15 m contenue dans la *Politique de protection des rives, du littoral et des plaines inondables* du gouvernement du Québec est un minimum (plusieurs experts recommandent des bandes riveraines de 30 m). Plus on protège le couvert végétal des rives, plus le lac est en bonne santé.

Le point de contact entre le lac et un cours d'eau est très important. Il en est de même entre le lac et le rejet ultime des eaux de ruissellement.

La protection de la bande riveraine a été abondamment traitée dans plusieurs ouvrages. Il est donc inutile de revenir ici sur les aspects importants décrits dans ces ouvrages. Toutefois, certains éléments souvent négligés doivent être mis en lumière.

Premièrement, lorsqu'on parle de gestion des eaux de ruissellement, le rejet ultime au lac, lorsque nécessaire, doit être bien aménagé. Il faut prévoir une rigole, un fossé qui n'est pas, lui non plus, érodé par un rejet important après une forte pluie par exemple. Ce point de contact avec le lac ou le cours d'eau est très important. Ce doit être avant tout une source de contrôle qui permet d'établir si toutes les actions entreprises en amont ont porté fruit et si elles fonctionnent parfaitement. Il faut donc qu'il soit facile d'accès.

Mesure temporaire

Lors de tous travaux d'aménagement sur un terrain où le sol est remanié, il faut prévoir l'installation d'une membrane de confinement. Celle-ci est retirée seulement lorsque toutes les surfaces perturbées sont couvertes à nouveau de végétation.

Les problèmes d'érosion de la rive

Ils sont au nombre de trois.

Les courants

Les courants sont les responsables les plus connus. Sur un lac, les personnes habitant près d'un émissaire ou d'un ruisseau se jetant dans le lac, savent que si l'embouchure du ruisseau n'est pas stable, si celui-ci subit des variations trop grandes de débit à cause d'une urbanisation et d'une mauvaise gestion du ruissellement en amont, une érosion apparaît sur les berges, non loin de l'embouchure. Le contraire est également vrai. Si, à la suite d'une érosion en amont, le ruisseau transporte des sédiments, une accumulation (sédimentation) se fait à l'endroit où se termine le courant, rendant la rive «vaseuse».

Il faut donc être vigilant aux problèmes d'érosion à l'embouchure des émissaires d'un lac et en aviser aussitôt la municipalité. Celle-ci peut alors procéder aux aménagements nécessaires en ayant obtenu au préalable un certificat d'autorisation du MDDEP.

Souvent invisibles, les courants jouent un rôle important dans le déplacement de sédiments.

Les vagues

L'action des vagues est quant à elle plus pernicieuse. Elles sont agréables à voir, à entendre, car elles rappellent la mer. Toutefois, les vagues sont dévastatrices, car elles agissent de manière répétitive.

L'action des vagues est destructrice pour les rives des lacs.

La plupart des rives des lacs au Québec, à part les lacs de bonnes dimensions, ne sont pas faites pour recevoir des vagues. Mis à part celles qui sont provoquées par le vent, s'il y en a, c'est qu'elles ont été produites par les embarcations nautiques avec des moteurs puissants. C'est ce type de vagues, fortes, nombreuses et répétitives qui pose un problème. On peut interdire ou limiter l'utilisation de ces embarcations pour des raisons de tranquillité ou de pollution de l'eau. On doit aussi le faire pour des raisons de stabilisation de la bande riveraine. La santé d'un lac en dépend.

Les glaces

Cette source d'érosion est importante dans les ruisseaux, les rivières et sur le fleuve Saint-Laurent. Toutefois, certains lacs reçoivent les glaces de cours d'eau au printemps, ce qui peut poser problème.

Les rives se font alors matraquer par les mastodontes glacés. Pour résister à ces «attaques» de glaces, les rives d'un lac ont besoin d'un bon couvert d'arbres et d'arbustes.

Dans certains cours d'eau, l'utilisation combinée de roches et de végétaux ligneux est une arme efficace.

C'est surtout au printemps que les glaces jouent un rôle de butoir sur les rives des lacs.

L'artificialisation des rives

Artificialisation

Transformation d'un milieu naturel en milieu artificiel construit.

L'artificialisation qu'ont subie certaines rives des lacs et cours d'eau du Québec a causé et continue de causer beaucoup de dommages.

Les murs de pierre ou de béton installés sur la rive pour agrandir le terrain au bord du lac ou pour «protéger» la berge contribuent à réchauffer l'eau du lac. Ainsi, la chaleur emmagasinée par le mur durant le jour est redistribuée, surtout la nuit, au lac. Ce processus est grandement néfaste. De plus, l'installation de certains murs a causé des problèmes en modifiant le comportement des courants et provoquant, en amont et en aval, de nouvelles zones de dépôt et de nouvelles zones d'érosion.

On sait maintenant que les murs qui sont construits à la limite des eaux du lac sont néfastes pour la qualité de l'eau.

Heureusement, l'érection de ces murs est interdite depuis quelques années. La pratique est toutefois encore courante. Si on est témoin d'une telle action, il faut en aviser la municipalité le plus rapidement possible.

UNE APPROCHE COMBINÉE

Une municipalité peut autoriser l'enrochement d'une partie de la rive si celle-ci subit une forte pression érosive. Dans de tels cas, l'approche combinée, minérale et végétale, est souvent la meilleure.

Le démantèlement d'un mur

Pour ceux qui veulent, ou qui doivent, défaire un mur existant, des précautions s'imposent. La première chose est évidemment d'obtenir un permis de la municipalité. C'est elle qui est tenue de faire appliquer la *Politique de protection des rives, du littoral et des plaines inondables* au niveau résidentiel.

Il faut ensuite procéder à l'installation d'une barrière de confinement efficace. Les matériaux du mur retirés, on met en place une pente naturelle. L'angle de celle-ci doit correspondre à la situation d'origine, ou à celui des terrains naturels adjacents. Si on n'a pas d'éléments de référence, il faut savoir que les sols n'ont pas tous un **angle de repos** identique. Si on aménage une pente trop forte, dépassant de beaucoup l'angle de repos pour le type de sol concerné, à coup sûr, on subira de l'érosion, quand ce n'est pas carrément un glissement de terrain.

Angle de repos

Pour chaque type de sol c'est l'angle, par rapport à l'horizontale, maximal de stabilité. Pour un même sol donné, il existe un angle de repos en condition sèche et un en condition mouillée, mais d'autres facteurs peuvent être pris en considération.

ATTENTION AUX SOLS ARGILEUX

L'argile est un matériau très cohésif. Il peut demeurer stable même si la pente est forte. Toutefois, lorsqu'il est saturé d'eau, il perd sa cohésion et glisse jusqu'à ce qu'il retrouve… son angle de repos naturel. À titre d'exemple, l'argile possède un angle de repos de 45 degrés pour un sol sec et de 20 degrés seulement pour un sol mouillé.

La végétalisation d'un mur

Pour diminuer le transfert de chaleur d'un mur qu'on conserve sur la rive, on procède à sa végétalisation. On plante alors des vignes en haut du mur. On utilise plus d'une espèce, idéalement indigène, pour favoriser une plus grande biodiversité et pour un aspect plus naturel.

Ce mur a été végétalisé grâce à des vignes sauvages (Vitis riparia).

La gestion des vues

Une des raisons pour lesquelles les gens veulent s'établir sur le bord d'un lac, ou d'un cours d'eau, c'est la vue. Une vue imprenable, une vue reposante, une vue poétique sur un lac sous-entendent implicitement la vue sur un beau lac. En coupant tous les arbres qui bloquent cette vue, on crée des problèmes importants, immédiats ou à court terme, de ruissellement. Les arbres sont importants pour stabiliser la pente, pour absorber l'eau de pluie et l'eau dans le sol, pour créer de l'ombre sur le lac et diminuer la température de l'eau. En retirant ces bienfaits, on crée des complications qui auront des répercussions sur tout l'écosystème du lac. Heureusement, plusieurs mesures peuvent être prises pour conserver à la fois la vue et les arbres.

Il est tout à fait possible de construire une maison au bord d'un lac, de conserver une bande riveraine et de jouir de la vue.

Avant d'implanter un nouveau bâtiment, il faut procéder à une bonne planification. Dans un premier temps, il faut se questionner. D'où observera-t-on davantage le lac? De la chambre principale au 2ᵉ étage? Du salon familial? De la terrasse extérieure? De tous ces endroits?

Dans un deuxième temps, une fois qu'on a trouvé les réponses à ces questions, on planifie l'architecture du bâtiment et son implantation au sol avec comme objectif de maximiser les vues en fonction des arbres en place.

L'élagage des arbres

Quand les bâtiments sont existants, on peut procéder à l'élagage de certaines branches de certains arbres. On évite ainsi de couper les arbres au ras du sol et on aménage une vue intéressante. Cette façon de procéder est autorisée par les municipalités dans la mesure où cette action est faite raisonnablement.

Élagage

Action qui consiste à enlever, partiellement ou complètement, les branches dans un arbre, afin d'alléger sa ramure.

Une bonne sélection de plantes permet de conserver la vue · sur le lac.

La plantation d'arbres

Pour les rives dont les pentes sont fortes et qui ne comportent aucune végétation arborescente, il faut procéder sans tarder à la plantation d'arbres. Toutefois, cette plantation doit être planifiée avec soin. Pour les habitations ne comportant qu'un étage, ou qui sont presque à la hauteur du niveau du lac, on peut choisir des arbres à grand développement dont la cime sera haute. On peut ainsi voir le lac sous la ramure.

Pour les habitations qui surplombent le lac, celles qui se trouvent à plusieurs mètres au-dessus du lac, on a avantage à planter dans la pente des arbres à petit ou à moyen développement.

Dans chacune des situations, on peut sélectionner des essences d'arbres à la ramure naturellement peu fournie ou dont les feuilles plus petites donnent plus de transparence à l'arbre.

Les utilisations récréatives

Bien des riverains ne veulent pas seulement admirer la vue du lac. Ils veulent aussi y avoir accès pour pratiquer des activités nautiques. Plusieurs mesures doivent être prises pour en minimiser les impacts négatifs.

L'accès au lac

Le gouvernement du Québec autorise un accès au lac de cinq mètres de large.

Les accès piétonniers posent rarement problème. Ils sont habituellement étroits, peu visibles. Ce sont les accès pour les véhicules qui causent souvent les complications.

Dans tous les cas, il faut les implanter en oblique, pour éviter de les apercevoir lorsqu'on circule sur le lac. De plus, un accès dans le sens de la pente est un endroit idéal pour que les eaux de ruissellement descendent directement et rapidement jusqu'au lac, entraînant des sédiments et créant de l'érosion. Un accès oblique, idéalement en zigzag, est donc préférable.

Lors de la planification, il faut également s'assurer que le chemin d'accès bloque le drainage de l'eau de ruissellement, en y ajoutant une bande d'interception par exemple. Il est également important de maintenir une végétation basse autour de cet accès.

Afin d'éviter de multiplier inutilement les accès véhiculaires au lac, il est plus avisé de favoriser les accès communs. Ainsi, deux voisins peuvent s'entendre et aménager un accès commun sur leur limite de propriété. On économise sur les coûts d'installation et d'entretien d'un tel chemin. De plus, on protège cinq mètres supplémentaires de berge et on obtient ainsi un lac au pourtour encore plus naturel.

L'accès au lac doit protéger le plus possible la bande riveraine.

Les quais

Ils ont pour fonction de permettre l'amarrage des embarcations. Ils peuvent aussi servir à éviter de l'érosion et le compactage provoqué par le piétinement constant des rives. Au lieu de marcher dans la bande riveraine et surtout dans le littoral, on conserve le milieu naturel existant. On «survole» le poumon du lac plutôt que de le détruire.

Il est aussi conseillé de favoriser l'installation commune de quais, afin d'éviter leur multiplication inutile.

Comme l'objectif collectif demeure toujours de conserver une allure naturelle au lac, il faut également veiller à ce que les quais «ne se voient pas». On travaille donc à implanter un quai de manière à le dissimuler le plus possible dans les plantes ou le relief de la rive.

Il est préférable d'installer un quai accessible par un petit sentier que de détruire la bande riveraine.

La plage

Tout le monde, ou presque, rêve d'une belle plage sablonneuse sur le bord de son lac. Toutefois, cette pratique est interdite, car elle cause d'importants problèmes au lac. C'est exactement comme si on achetait une grande quantité de sédiments et qu'on la jetait directement dans le lac !

Dans la nature, les espaces sablonneux sont souvent situés dans la zone de dépôt naturel du lac.

ENTRETIEN MINIMAL

Pour éviter que les matières organiques se déposent dans le sable et le «contaminent», on enlève régulièrement les feuilles mortes, particulièrement celles qui tombent l'automne.

Beaucoup de riverains tentent d'en créer une à grand renfort de «voyages» de sable déversés annuellement. Ils font le plus souvent face à un échec. Il y a à cela plusieurs raisons. Premièrement parce que souvent le type de sol de la rive n'est pas compatible. Deuxièmement, parce que l'angle de repos du sable est très faible et que disposé sur une rive aux pentes plus fortes, il se lave et aboutit dans le lac. Troisièmement, étant très peu cohésif, le sable est facilement transporté par l'eau de ruissellement provenant de l'accès au lac ou encore par l'action des vagues, du courant ou des glaces.

Les plages naturellement sablonneuses sont là pour de bonnes raisons. Souvent, elles sont situées dans une zone de dépôt naturel du lac. C'est le sable contenu dans le ruisseau ou le fond du lac qui s'y dépose. Parfois, il s'agit du sol d'origine. Cela indique qu'il est donc compatible et stable.

Alors, créer de toutes pièces une plage de sable, est-ce possible ? Évidemment pas dans la bande riveraine pour toutes les raisons énumérées dans ce chapitre. Toutefois, on peut imaginer construire un plateau intermédiaire, en dehors de la bande riveraine, mais avec une vue sur le lac que l'on aménage avec du sable. Il faut alors s'assurer que les eaux de ruissellement ne viennent pas «kidnapper» le sable et l'entraîner vers le lac dans leur course folle.

Les accès problématiques au lac

Pour ceux et celles dont l'accès au lac est peu intéressant, difficile, voire même impossible, il est quand même possible de penser à la baignade. Il suffit d'aménager un étang capteur baignable. Cet étang original a alors une double fonction. D'une part, il récupère les eaux de ruissellement qu'on lui envoie puis les fait passer dans un marais filtrant. Les eaux ainsi traitées viennent ensuite alimenter l'étang où il est possible de se baigner. À ces ouvrages de captation, on peut ajouter un filtre au sable de type piscine et un appareil de traitement aux rayons ultraviolets si on craint pour la qualité de l'eau. On peut ensuite aménager son étang avec cascade, plage de sable et vue sur le lac.

En cas de forte pluie, les eaux pluviales,
surtout si elles sont mélangées aux eaux sanitaires,
posent un problème de taille.

La gestion des eaux sanitaires et des eaux pluviales

Michel PRINCE

LE PLUS SOUVENT, la gestion des eaux sanitaires et des eaux pluviales se fait collectivement. Cette organisation est généralement confiée à des gestionnaires et des professionnels. C'est pourquoi bien peu de citoyens s'y intéressent... malheureusement. Bien sûr, les responsables des différents paliers de gouvernements, particulièrement ceux du niveau municipal, seront intéressés par les données présentées dans ce chapitre. Toutefois, les non-spécialistes, notamment ceux qui sont engagés dans la vie politique municipale et ceux qui militent dans les associations de défense des lacs, auront tout intérêt à lire les pages qui suivent. Ils pourront ainsi mieux prendre la mesure des enjeux auxquels ils ont à faire face.

Les eaux sanitaires

Avant 1978, même avec une population de plus de 6,4 millions de personnes, seulement une vingtaine de stations d'épuration était en activité au Québec. Les rejets d'eau sanitaire se faisaient alors directement dans les rivières et les cours d'eau sans traitement préalable. Une quantité phénoménale d'eaux souillées était ainsi rejetée dans l'environnement... avec les conséquences désastreuses que l'on connaît aujourd'hui.

Conscient de l'impact négatif de telles pratiques sur l'environnement, en 1978, le ministère de l'Environnement du Québec élabore le *Programme québécois d'assainissement des eaux du Québec* (PAEQ). Le ministère a alors comme objectifs d'épurer les eaux usées de façon à récupérer et à protéger les usages des cours d'eau. C'est à cette époque que sont construites les premières usines de traitement des eaux usées. Mais qu'y traite-t-on au juste?

Les eaux usées peuvent contenir une grande variété d'éléments et de matières.

La composition des eaux usées

Les eaux usées sont des eaux qui contiennent des éléments chimiques, des micro-organismes d'origine fécale, des matières en suspension, des résidus organiques, des éléments nutritifs, des huiles et des graisses. Aujourd'hui, on sait surtout que si tous ces produits ne sont pas traités, ils sont néfastes à l'environnement.

Dans le cas des algues bleues, on sait que c'est le phosphore qui représente un facteur de prolifération important (bien que ce ne soit pas le seul). Or, les eaux usées, principalement parce qu'elles contiennent des urines humaines, renferment beaucoup de phosphore. En effet, selon des études, 60 % du phosphore retrouvés dans les eaux usées proviennent de l'urine humaine, même si celle-ci ne représente qu'un pour cent du volume liquide des eaux usées.

La réduction du phosphore dans les rejets humains

Puisque les êtres humains produisent naturellement autant de résidus phosphorés, est-il pensable qu'ils en ingèrent moins pour en rejeter moins ?

Le corps humain est composé d'environ 1 % de phosphore qui se trouve principalement dans le système squelettique. Il contribue à l'activation des muscles et du système nerveux central. En association avec le calcium, il demeure un ingrédient indispensable dans la constitution des tissus osseux.

Pour le bien-être de l'organisme, on doit donc consommer quotidiennement près de 800 mg de phosphore. Cet élément est présent dans pratiquement tous les aliments. Il est particulièrement concentré dans le lait et les produits laitiers, les jaunes d'œufs, le pain et les légumes secs. Une fois ingéré, une grande partie du phosphore est éliminée par notre système. Il semble donc bien difficile de tenter de limiter les

PHOSPHORE PLUS AZOTE

Combiné avec l'azote, le phosphore est dommageable pour l'environnement. Des concentrations de phosphore supérieures à 0,020 mg par litre d'eau dans un lac et 0,030 mg dans une rivière font proliférer les plantes aquatiques.

apports en phosphore en réduisant la consommation d'aliment contenant cet élément. Des carences seraient alors à craindre.

Si la « réduction à la source » du phosphore produit par les humains ne semble pas être une solution, on peut au moins réduire ou traiter les déchets contenant de grandes quantités de phosphore qui sont envoyés dans les éviers. On peut aussi traiter les rejets dans les usines de traitement des eaux usées.

UNE TECHNIQUE NOUVELLE

Une entreprise de la Suisse a récemment démontré qu'il était maintenant possible de collecter et de traiter séparément les urines humaines. Cette technique permet un meilleur recyclage des nutriments et une meilleure protection des eaux. Elle peut être très utile dans les endroits où le milieu aquatique est particulièrement menacé par la surfertilisation, par exemple, le bassin-versant autour d'un petit lac. Cependant, si elle engendre des difficultés dans sa mise en place, son application demeure quand même possible.

S'il est impossible de réduire le phosphore émis par les humains, il est cependant indispensable de réduire celui produit par leurs activités.

UNE DÉCOUVERTE ANCIENNE

C'est en 1669 que Hennig Brandt à Hambourg en Allemagne découvre une nouvelle substance chimique : le phosphore (P). Il a identifié cet élément, qui fait maintenant partie du tableau périodique, à la suite de l'analyse de l'une des composantes des rejets humains : l'urine.

La performance du traitement des eaux usées en 2006 au Québec

Comme elles contiennent aussi une bonne concentration de phosphore, aujourd'hui, la plupart des eaux usées sont traitées dans les usines d'épuration des eaux.

Grâce aux programmes d'assainissement des eaux, la majorité de la population est maintenant desservie par une station d'épuration des eaux usées (668 au total). Les études montrent qu'en 2006, 343 de ces usines mesuraient les quantités de phosphore enlevées. En général, la concentration moyenne en phosphore des eaux usées entrant dans ces stations est de 2,1 mg/l. À la sortie, la concentration est réduite à 0,48 mg/l. Il s'agit d'une réduction appréciable de plus de 75 %. Cela équivaut à environ dix tones de phosphore retirés chaque jour des eaux usées... avant que celles-ci ne soient déversées dans l'environnement. Dans la plupart des stations d'épuration, et pour les usines physico-chimiques traitant de grands débits d'eau (ex : Montréal), les normes de rejet pour le phosphore sont standardisées entre 0,50 mg/l et 1,0 mg/l.

Quand on sait que les risques de prolifération des algues bleues sont élevés lorsque le phosphore atteint 0,05 mg/l d'eau, on comprend que la contamination des cours d'eau provient donc, en partie, des rejets des eaux traitées des stations d'épuration. Cette pollution découle aussi des eaux de débordement des réseaux sanitaires et unitaires.

Des réseaux en évolution

Avant le programme d'assainissement des eaux du Québec, la majorité des eaux usées étaient rejetées directement dans les cours d'eau. Historiquement, les eaux usées provenant des résidences aboutissaient dans la cour arrière des terrains privés, dans des bassins, ainsi que dans des toilettes sèches.

Pour favoriser le déplacement des personnes et des marchandises, les routes furent créées et de petits fossés en forme de baissière furent construits pour améliorer l'égouttement de la route. L'eau de pluie mélangée avec la terre rendait les rues impraticables.

Au fur et à mesure que l'urbanisation progressait, des pressions ont été exercées dans les villages. On a dû construire un réseau d'égout pluvial pour le drainage des eaux de ruissellement et ainsi récupérer l'espace occupé par les fossés. Ceux-ci suivaient le profil de la route et se déversaient par gravité dans les cours d'eau.

Dans les grandes villes, ce sont maintenant des usines de traitement des eaux qui font l'épuration.

Avec l'augmentation de la quantité d'eau consommée, la demande accrue pour une plus grande salubrité, la réduction de la grandeur des terrains en ville, les gestionnaires de l'époque ont décidé d'utiliser le réseau de drainage pluvial pour se débarrasser des eaux usées provenant des résidences. Ce fut les premiers égouts combinés, qui transportaient à la fois des eaux domestiques et pluviales.

On se rendit vite compte que la qualité de l'eau à la sortie de ce tuyau n'était pas très bonne, mais, comme on avait éliminé le problème dans le secteur urbanisé de la ville, la situation était satisfaisante.

Bien que possédant une capacité naturelle d'épuration, les cours d'eau atteignirent rapidement leur capacité d'autoépuration. On se rendit compte alors que «la dilution n'est pas une solution à la pollution». L'expression est encore valable de nos jours.

Aujourd'hui il est inacceptable que les eaux usées soient rejetées sans traitement dans les rivières ou le fleuve.

La contamination des cours d'eau par les réseaux sanitaires ou unitaires

Ces observations ont mené à la construction des usines de traitement des eaux usées. Aujourd'hui, les stations d'assainissement et les réseaux de transport des eaux usées sont munis de trop-plein et de raccord qui permettent un déversement direct vers les cours d'eau. Lors d'événement pluvieux important, de la fonte des neiges, de panne mécanique ou électrique des stations de pompage, ou encore de refoulement d'égout, une quantité variable d'eaux usées, non traitées, peut être déversée vers le milieu naturel. Des quantités appréciables de phosphore et de matières polluées non désirées sont alors rejetées dans les eaux naturelles.

D'IMPORTANTS RÉSEAUX COMBINÉS

Au Québec, les villes populeuses fondées il y a plusieurs décennies possèdent de grandes sections de réseaux unitaires. C'est le cas de la Ville de Montréal où près des deux tiers (63 %) du réseau combinent les eaux sanitaires avec les eaux pluviales dans un même tuyau.

Au Québec, en 2006, on a dénombré un peu plus de 58 000 débordements dont plus de 60 % se sont produits en temps de pluie. Les changements climatiques provoquant, dans certains cas, des pluies plus importantes que la normale, peuvent faire augmenter le nombre et la durée des débordements en temps de pluie sur le territoire québécois. Ces débordements sont contrôlés par le ministère des Affaires municipales et des Régions (MAMR) et, dans certains cas, des mesures correctrices sont demandées aux gestionnaires.

Dans le cas de réseaux combinés, des quantités variables d'eaux usées non traitées peuvent être déversées dans le milieu naturel.

LES PREMIÈRES RESPONSABLES

Les stations d'assainissement des eaux usées des villes produisent à elles seules plus de 50 % de la quantité de phosphore émise par les municipalités, les restes étant divisés entre les réseaux d'égout, les systèmes de fosses septiques et les industries.

Les systèmes de traitement des eaux usées

Les systèmes de traitement des eaux dans les villes sont composés, pour la plupart des usines, d'un système de traitement primaire qui enlève tous les débris solides et flottants des eaux usées. Un système de traitement secondaire enlève les résidus organiques et les matières en suspension.

La contamination bactériologique des eaux par les coliformes et les matières en suspension est néfaste pour l'environnement aquatique. Elle affecte grandement la capacité de l'usage des cours d'eau par les gens.

Les substances nutritives, comme les nitrates et les phosphates, ne sont pas éliminées des eaux usées de toutes les stations d'épuration, car le coût des systèmes de traitement tertiaire est, dans bien des cas, trop onéreux.

Le traitement des eaux usées dans les campagnes et les petites villes

Dans le cas du traitement des eaux usées dans les municipalités de campagne, les installations septiques sont composées, le plus souvent, d'une fosse de captation et de décantation des matières solides et d'un champ d'épuration. Avec ces équipements, on renvoie les eaux directement dans le sol, ce qui ne permet pas d'éliminer leur contenu en phosphore, mis à part une petite quantité contenue dans la partie décantée.

Les dommages causés à l'environnement par ce type d'équipement peuvent être importants, plus particulièrement pour les systèmes désuets construits il y a des dizaines d'années et qui ne répondent certainement pas aux normes d'aujourd'hui. On trouve encore des fosses septiques qui sont en fait, des fosses d'absorption en bois.

Dans les petites communautés et les endroits isolés, on peut mettre en place des marais filtrants pour épurer les eaux usées.

Les petites usines d'assainissement et les installations septiques offrent rarement des traitements tertiaires de déphosphatation des eaux usées. Le phosphore et les phosphates provenant des savons et détergents aboutissent donc libérés dans l'environnement. Ils contribuent à l'augmentation du niveau de phosphore dans les lacs et cours d'eau.

Généralement ce sont les coûts élevés des traitements tertiaires qui font que les rejets ne sont pas traités. Parfois il est même très difficile de faire des traitements avec des installations septiques. Tout de même, dans de rares cas, là où le cours d'eau récepteur a été jugé trop sensible aux apports additionnels de phosphore, un système de traitement tertiaire a dû être installé.

Au Canada, les rejets des stations d'épuration sont les plus grandes sources de contamination des cours d'eau.

La pression démographique et l'augmentation du phosphore

Au cours des 55 dernières années, la population du Québec a presque doublé. Elle est passée de 4,1 millions en 1951 à 7,6 millions en 2006. Le développement et l'urbanisation des villes qui en a résulté ont créé une pression sur le milieu naturel et sur la demande en infrastructure d'assainissement. Les régions périphériques aux grandes villes se sont rapidement développées et une forte demande a été exercée sur le territoire disponible en banlieue.

Les stations d'épuration se sont alors aussi multipliées. Elles sont aujourd'hui une source de pollution importante, car les rejets liquides sont composés de déjections humaines, de solides en suspension, de débris et de divers produits chimiques qui sont issus des résidences, des commerces et des industries. Au Canada, les rejets des stations sont la plus grande source de contamination des cours d'eau. Cela ne cessera pas tant et aussi longtemps que la population augmentera ou que l'efficacité des traitements ne sera pas améliorée.

L'équilibre du phosphore

Le cas du phosphore dans l'environnement est un cas unique. En effet, cet élément était en équilibre dans l'environnement bien avant la venue des êtres humains. Il y est resté stable tant et aussi longtemps que les hommes réutilisaient les fumiers des animaux et le compost des rejets humains dans les champs servant à la culture. Le phosphore était alors recyclé localement. Les champs de production et les pâturages d'animaux étaient à proximité des habitations. Cette situation favorisait le maintien d'un équilibre dans les bassins-versants.

Un jour, pour augmenter la fertilité des cultures maraîchères, des pelouses et des grandes cultures, on a commencé à épandre sur les terres des quantités additionnelles de phosphore. Celui-ci était tiré de roches phosphatées ou d'autres sources d'approvisionnement lointaines. Le fragile équilibre du cycle de recyclage local du phosphore en a été alors profondément modifié.

Après l'agriculture, la plus grande source de pollution de l'eau par le phosphore a été engendrée par les autres activités humaines.

Pour contrôler les quantités de phosphore contenu dans les eaux sanitaires, il est possible de prendre plusieurs actions. On doit donc :

- diminuer la durée et le nombre des débordements des réseaux d'égout par une gestion en temps réel de ces réseaux ;

- construire des bassins de rétention pour recueillir temporairement les eaux de débordement et les réacheminer tranquillement vers les usines de traitement ;

- planifier la réfection des ouvrages souterrains qui sont déficients ;

- établir et appliquer un plan de gestion et de contrôle des eaux usées des installations septiques de résidences isolées ;

- accorder des subventions à la rénovation des installations septiques qui sont désuètes et déficientes, car elles sont souvent installées dans des zones sensibles ;

- installer des systèmes de traitement tertiaire de dénitrification et de déphosphatation dans toutes les usines d'épuration des eaux usées ;

- réduire la charge de phosphore des eaux rejetées par les usines d'épuration en adoptant des normes plus sévères.

Comme on peut le voir, toutes ces actions sont collectives et doivent émaner d'une « volonté politique ». Cependant, il ne faut pas oublier que les citoyens ont leur mot à dire et que, par le biais des associations de défense des lacs, ils peuvent influencer les prises de décisions.

Malgré les inconvénients que cela représente, il faut voir à la réfection des ouvrages souterrains.

Les eaux pluviales

Dans le domaine du génie municipal, la gestion des eaux usées est complétée pour presque la totalité de la population du Québec. Par contre, la gestion des eaux pluviales reste un secteur de la gestion des eaux encore méconnu de bien des administrations municipales. Seules quelques municipalités ou grandes villes possèdent les outils pour faire une gestion efficace des eaux de pluie. Le plus souvent, les techniques employées permettent de régler les problèmes en ce qui a trait à la quantité et non en termes de qualité.

On sait, depuis environ une vingtaine d'années, que les eaux pluviales contiennent différents polluants qui ont tendance à perturber les écosystèmes aquatiques. L'agence américaine de protection de l'environnement (US EPA) diffusait, dès le début des années quatre-vingt-dix, différentes études sur le sujet. Elle proposait aussi des pistes de solution.

Une situation qui évolue

Avant 2007, plusieurs villes ne possédaient pas de plan directeur d'écoulement des eaux. Le plus souvent, les gestionnaires ne connaissent pas bien la capacité hydraulique de leurs conduites ou l'état du réseau d'égout pluvial. Avec la réalisation, en association avec le MAMR, de *Plans d'intervention pour le renouvellement des conduites d'eau potable et d'égouts,* les villes disposent maintenant d'une meilleure connaissance de leurs réseaux d'égout pluvial et d'un outil de diagnostic.

Une des sources importantes de contamination des cours d'eau par le réseau d'égout pluvial se fait par l'entrée d'eau d'égout sanitaire dans le réseau pluvial. Certaines villes ont, dans leur réseau d'égout, des raccordements illicites et des branchements croisés. Ceux-ci permettent le déversement des eaux usées vers le réseau d'égout pluvial qui est

De plus en plus de municipalités cherchent des solutions nouvelles à la gestion des eaux pluviales.

directement raccordé aux cours d'eau. Certains réseaux pluviaux sont eux-mêmes dans de piteux états. Ils comportent des défaillances structurales ainsi que des tuyaux et des bouches d'égout tellement remplis de sédiments, de sable ou de débris, qu'ils ont de la difficulté à véhiculer les débits générés par de petites pluies.

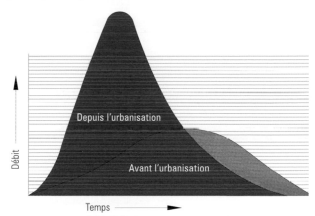

L'urbanisation fait augmenter l'écoulement de pointe
et le volume du ruissellement.

Pendant de nombreuses années, on a donné la priorité au traitement des eaux usées. Aujourd'hui on s'intéresse de plus en plus au problème des eaux pluviales.

Dès le début des années quatre-vingt-dix, plusieurs spécialistes québécois ont souligné l'importance du traitement des eaux pluviales. Leurs avertissements sont restés sans effets. À l'époque, les ingénieurs étaient encore en train de planifier la construction de dizaines de stations d'assainissement des eaux usées. Les gestionnaires avaient comme préoccupation de traiter dans les meilleurs délais possible leurs eaux usées (eaux des toilettes, des douches, de vaisselle et de lavage) de dizaines de milliers de personnes. Leurs priorités n'allaient pas au traitement des eaux pluviales.

Au cours de la même période, on a assisté à des changements importants. De simples voies navigables, les lacs et les rivières sont devenus des milieux récréatifs et de vie.

De puissantes pressions immobilières sont apparues sur le bord des lacs et dans les zones de villégiature. Elles persistent aujourd'hui. À l'heure actuelle, plusieurs projets domiciliaires proposent le thème de l'eau, des lacs et des rivières comme point central de la vie urbaine.

De plus en plus de projets domiciliaires proposent le thème de l'eau comme point central de la vie urbaine.

De plus, l'amélioration continuelle de la qualité de l'eau favorise la participation des citoyens à des activités récréatives comme le pédalo, le kayak ou le canotage. Cependant, de nombreux cours d'eau ne sont toujours pas baignables. Il faut remédier à cet état de fait.

La gestion de l'eau de ruissellement est maintenant requise pour le développement et la modernisation des infrastructures souterraines.

UN SYMBOLE

L'eau est un symbole important dans bien des cultures. Elle apporte un réconfort, une tranquillité, et une fraîcheur aux résidants du quartier, aux riverains, aux promeneurs et aux cyclistes.

UN EXEMPLE À SUIVRE

À Stockholm en Suède, les habitants peuvent se baigner dans un cours d'eau passant à travers la ville. Si nous nous y mettions dès maintenant, nous pourrions peut-être faire la même chose dans bien des villes et des villages du Québec d'ici quelques années.

Les modifications au cycle de l'eau

Depuis plus de cinquante ans, plusieurs milieux naturels qui n'étaient pas des zones agricoles ou forestières ont été remplacés par des projets domiciliaires, institutionnels, commerciaux ou industriels, ainsi que par la construction routière. La pression démographique et la demande de logement ont suscité un changement de vocation de ces terres. Cela a eu pour effet de modifier considérablement le ruissellement de l'eau vers ses exutoires naturels. Une partie du cycle naturel de l'eau a ainsi été perturbée.

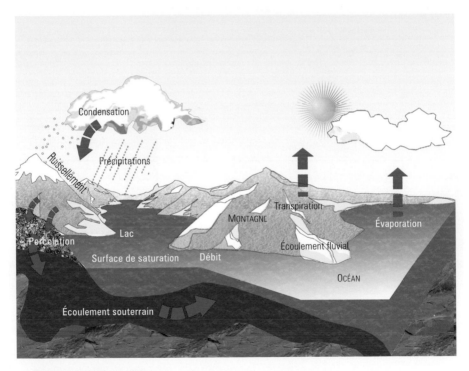

CYCLE NATUREL DE L'EAU

- Ruissellement : écoulement de l'eau de pluie à la surface du sol vers l'exutoire.
- Infiltration : eau qui est absorbée dans le sol après la pluie et qui alimente la nappe phréatique.
- Évaporation : phénomène qui permet à l'eau sous forme liquide de se transformer en vapeur d'eau vers la phase gazeuse. Ce phénomène est influencé par la température et le vent.
- Évapotranspiration : remise en vapeur d'eau dans l'atmosphère de l'eau que les plantes pompent du sol par leurs racines. L'évapotranspiration se fait principalement par le feuillage.
- Condensation : processus qui permet à la vapeur d'eau de retourner à la phase liquide. L'eau retombe ensuite sous forme de pluie… pour ruisseler à nouveau.

Au moment de l'infiltration, l'eau qui percole dans le sol est purifiée par les différentes couches qu'elle traverse avant d'atteindre la nappe souterraine. Les lacs permettent aussi le stockage de l'eau de façon temporaire ou permanente. Le tableau *Comparaison entre un bassin-versant naturel et un autre urbanisé* montre les variations que subit un bassin-versant quand il passe de l'état naturel à l'urbanisation.

COMPARAISON DU CYCLE DE L'EAU ENTRE UN BASSIN-VERSANT NATUREL ET UN BASSIN-VERSANT URBANISÉ

EN MILIEU NATUREL

EN MILIEU URBANISÉ

Cette illustration démontre bien que dans un bassin-versant urbanisé l'eau ne pénètre plus le sol par infiltration pour être renvoyée à l'atmosphère en utilisant le mécanisme d'évaporation de l'eau à la surface des sols perméables et l'évapotranspiration, mais qu'elle ruisselle presque complètement à la surface pour être captée rapidement par le réseau d'égout pluvial.

Dans un milieu naturel, les surfaces en friche composées d'arbustes, d'arbres et de matériaux perméables laissent passer l'eau. Sur un territoire urbanisé, les pavages, trottoirs et toitures font augmenter rapidement le pourcentage de surfaces imperméables. Il est facile de comprendre que l'écoulement des eaux pluviales s'en trouve totalement transformé.

Cette situation a aussi pour effet de faire augmenter le débit. En effet, les gouttes d'eau ne peuvent pas pénétrer dans le sol

Dans les systèmes d'égout pluvial actuels, l'eau de ruissellement est captée instantanément par les bouches d'égout.

et c'est alors qu'elles ruissellent. L'urbanisation et l'accroissement de la population ont donc, par ricochet, influencé le débit des cours d'eau de façon significative en réduisant le temps requis à la goutte d'eau tombant sur le terrain pour se rendre au cours d'eau. Cette situation a fait augmenter les débits de pointe, ainsi que la vitesse du cours d'eau. Cela a eu pour conséquences une augmentation de l'érosion de berges, une diminution du débit de base et une dégradation de la qualité de l'eau.

Une alliée plutôt qu'un adversaire

Dans les systèmes d'égout pluvial actuels, l'eau de ruissellement est captée instantanément par les bouches d'égout et les avaloirs de toits plats. Elle est ensuite dirigée rapidement vers un système de canalisation souterraine qui fait voyager l'eau vers le cours d'eau récepteur.

Comme on ne contrôle pas le phénomène de l'apparition des pluies, leur fréquence et leur intensité, on ne peut pas modifier le phénomène naturel du ruissellement. On peut cependant gérer la qualité et la quantité de ces eaux de ruissellement. La meilleure façon d'y parvenir est, selon bien des avis de spécialistes, de tenter de rétablir le cycle naturel de l'eau ou du moins de tâcher de s'en rapprocher le plus possible.

La nature est en équilibre depuis des millions d'années. C'est probablement en essayant de l'imiter qu'on pourra bâtir une société durable. C'est donc à tous et à chacun qu'incombe de faire de cette ressource naturelle et renouvelable, l'eau de ruissellement, une alliée.

*En ralentissant l'eau
et en lui permettant
de pénétrer dans le sol,
on évite qu'elle aboutisse
dans le système d'égout pluvial.*

*Lorsqu'il pleut, les eaux plu-
viales se chargent de toutes
sortes de contaminants.*

L'hydrologie urbaine a grandement modifié le cycle hydrologique naturel par l'imperméabilisation des surfaces. L'urbanisation a créé des surfaces étanches, réduit le couvert végétal et limité la quantité d'eau pouvant s'accumuler au sol en construisant des réseaux de drainage efficaces. L'urbanisation réduit le taux de recharge de la nappe souterraine, ainsi que l'augmentation du débit d'eau de ruissellement. Cela a eu pour effet d'augmenter l'érosion des berges, d'accroître les impacts des inondations et de réduire le débit d'étiage des cours d'eau.

Heureusement, selon les spécialistes, la pratique d'activité visant à réduire les volumes des eaux de ruissellement et à limiter les polluants est de plus en plus répandue au Canada.

La qualité des eaux de ruissellement

L'eau de pluie semble inoffensive si on pense qu'elle tombe du ciel et se dirige vers un système de canalisation ou de fossé. Cependant, c'est une des grandes sources de pollution des cours d'eau. Lors de l'écoulement en surface, l'eau « ramasse » des sédiments et des contaminants et les dirige vers le milieu récepteur.

Dans les faits, les eaux de ruissellement apportent de grandes quantités de sédiments contaminés avec des métaux lourds, des matières fertilisantes, des pesticides, des herbicides. Elles contiennent souvent du nitrate et du phosphore provenant des pratiques agricoles et horticoles.

Elles collectent aussi bien les résidus de la pollution atmosphérique (ceux-ci se collent aux particules et sédiments), de la pollution des véhicules routiers, des rejets des animaux domestiques que les feuilles et des débris de gazon. Dans les milieux urbains, les concentrations en phosphore peuvent être importantes dans les secteurs où l'on surfertilise les pelouses.

Pour réduire les apports de phosphore provenant du réseau d'égout pluvial dans le cours d'eau, on doit diminuer les concentrations de phosphore que l'on rejette dans l'eau, réduire la quantité de sédiments transportés jusqu'au cours d'eau et réduire la quantité d'eau qui entre en contact avec les contaminants sur le sol. Quant à la quantité, elle dépend de la conception des réseaux d'égout pluvial.

La conception des réseaux d'égout pluvial

La conception des réseaux d'égout pluvial se fait selon les règles de l'art et à partir de directives techniques édictées par le MDDEP. Le dimensionnement des conduites est établi selon des critères de conception définis par les municipalités. Il est facile de comprendre que, pour un type de matériau donné, plus un tuyau est gros, plus il est capable de transporter de grandes quantités d'eau (pour une même pente) et plus il va coûter cher.

Il est indispensable d'adapter les systèmes de gestion des eaux pluviales aux régimes de pluie d'une région donnée.

Le dimensionnement des conduites qui seront installées est une étape importante dans le travail des ingénieurs. Pour ce faire, ils utilisent la notion de risque afin de définir les événements climatiques dont la ville désire se prémunir.

Dans les quartiers résidentiels, on utilise habituellement un risque associé aux pluies dont la récurrence est une fois à tous les cinq ans, soit un risque de débordement causé par une pluie qui, statistiquement, ne se produit que tous les cinq ans. Or, cette récurrence est théorique. Une pluie dont le volume est récurrent à tous les cinq ans peut se produire demain et se reproduire après-demain et ne se reproduire que dans 20 ans… ou bien se répéter dans un mois. C'est une question de risque que les organisations municipales assument. Celles-ci sont généralement prêtes à payer pour des dommages causés à la propriété lors de surcharge des conduites d'égout dont le diamètre est calculé pour absorber le plus haut niveau de pluie une fois tous les cinq ans.

Bien que la récurrence de pluie à cinq ans soit habituellement utilisée dans les zones résidentielles, certains réseaux pluviaux sont capables, dans bien des cas, de véhiculer des débits supérieurs à leur débit de conception. Cela est dû au fait que plusieurs facteurs, comme les clapets et la capacité des réseaux de couler sous pression, protègent les résidences des refoulements.

Les causes des débordements des réseaux unitaires

Les débordements sont fréquents dans les réseaux unitaires, car ils ont été conçus avec les projections de développement de l'époque. L'ajout de surfaces imperméables est responsable des quantités d'eau de pluie non calculée acheminée à l'égout. De plus, si la récurrence de la pluie est supérieure à celle prévue lors de la conception, les débordements d'une mixture composée des eaux usées et des eaux de pluie par des trop-pleins vers les cours d'eau sont augmentés.

PERTURBATIONS BIOLOGIQUES

Les débordements dans les cours d'eau récepteurs perturbent grandement la faune et la flore et dégradent les écosystèmes.

Ces ouvrages de surverses sont mis au point pour opérer en cas d'urgence. C'est en fait un genre de soupape de sécurité qui empêche de surcharger les réseaux et de créer des refoulements dans les sous-sols des résidences.

La conception basée sur les conditions de prédéveloppement

Il est aujourd'hui possible de concevoir des ouvrages de gestion des eaux pluviales qui peuvent reproduire le plus possible les conditions qui avaient cours avant le développement urbain afin de ne pas perturber les cours d'eau récepteurs. C'est ce qu'on appelle les conditions de prédéveloppement.

En condition de prédéveloppement, une bonne partie de l'eau s'infiltrait dans le sol et le ruissellement se dirigeait lentement vers les fossés, les ruisseaux et les cours d'eau. En temps de fortes pluies, l'augmentation du débit des rivières n'était pas très prononcée en raison du délai dans l'acheminement des eaux d'une même pluie vers les exutoires ou les milieux récepteurs.

Pour les eaux pluviales, il faut chercher les meilleurs moyens pour que celles-ci s'infiltrent dans le sol.

Dans un esprit de préservation de la ressource et de gestion écologique des eaux de pluie, on doit tenter d'imiter le cycle normal de l'eau dans des conditions naturelles. Pour cela on recherche à limiter la quantité d'eau envoyée au réseau d'égout et à ralentir la vitesse à laquelle l'eau est acheminée au cours d'eau récepteur. Plusieurs techniques présentées à la section *Les meilleures pratiques de gestion des eaux* permettent d'atteindre ces objectifs.

La prévision de la quantité de pluie qui tombera

La pluie fait partie de ces mystères qui ne peuvent être calculés qu'en utilisant des modèles statistiques et des équations empiriques.

Pour concevoir un réseau d'égout pluvial, il faut savoir quelle sera la quantité de pluie que l'on veut faire cheminer dans les conduites pour en déterminer le diamètre et la pente. Pour cela, on utilise les données qui proviennent des mesures prises par les stations météorologiques et des informations recueillies par les aéroports. L'analyse et le traitement de ces données se font habituellement par Environnement Canada. Cette agence gouvernementale crée des modèles statistiques de pluies pour diverses récurrences ou fréquences (de 2 à 100 ans). Elle publie donc régulièrement des courbes «Intensité-Durée-Fréquence» (IDF) pour différentes régions du Canada.

À l'aide de ces données, il est possible de calculer l'intensité des pluies et ainsi d'évaluer la quantité d'eau qui tombera sur le sol. La méthode rationnelle simplifie les transformations des quantités de pluie en débit. Elle est l'une des méthodes les plus utilisées en Amérique du Nord. Les professionnels en hydraulique urbaine se servent de ce calcul pour établir la dimension des réseaux d'égout pluvial.

Aujourd'hui, l'utilisation des ordinateurs permet la modélisation hydraulique des réseaux d'égout pluvial. Il est aussi possible de calculer les répercussions de la mise en charge des conduites d'égout pluvial, ce qui facilite la gestion des risques de débordement ou de refoulement des réseaux.

PAROLES DE SCIENTIFIQUE

« Je peux décrire les mouvements des corps célestes, mais je ne peux rien dire sur le mouvement des petites gouttes d'eau. »

GALILÉE

EAU PLUVIALE ET CHANGEMENTS CLIMATIQUES

Sans aucun doute, les changements climatiques ont une grande influence sur la distribution spatiale et temporelle des pluies. La fréquence des débordements des réseaux unitaires en sera affectée puisque la conception de ceux-ci est basée sur un historique des pluies différentes. Si la fréquence d'événements climatiques extrêmes augmente, le problème des débordements pourrait devenir grave.

Les solutions

Au Québec, peu de villes possèdent une connaissance adéquate de leur réseau d'égout pluvial. Rares sont celles qui possèdent une réglementation significative en matière de gestion des eaux pluviales. Cette situation a pour effet de ralentir la mise en place de solutions afin de minimiser leurs effets néfastes.

Heureusement, il existe plusieurs méthodes, ouvrages et pratiques qui peuvent être mis en place afin de réduire l'impact des eaux pluviales sur les cours d'eau et les lacs.

Les nouvelles tendances LEED

Pour la gestion des eaux de ruissellement, les principes LEED (*Leadership in Energy and Environmental Design*) proposent de réduire de 25 % (en débit et en quantité) le ruissellement des eaux pluviales, d'enlever 80 % des solides totaux en suspension ainsi que 40 % du phosphore total annuel rejeté par le projet après construction.

Ces critères peuvent être perçus comme très coûteux, mais c'est faux. Pour atteindre ces résultats, il suffit d'établir une saine gestion des eaux de ruissellement sur les sites, sans plus.

Le guide de conception LEED vise à améliorer le confort des occupants, les performances environnementales et la rentabilité économique des bâtiments en utilisant des méthodes établies ou innovatrices. Le guide LEED est basé sur des principes environnementaux et énergétiques reconnus.

ASPECTS DU GUIDE LEED TOUCHANT L'EAU QUI RUISSELLE

- Mise en place d'un plan de contrôle de l'érosion qui peut résulter du ruissellement et du vent.
- Mise en place d'un plan de prévention des dépôts de sédiments dans les égouts pluviaux.
- Gestion des eaux pluviales permettant de limiter les perturbations dues à la pollution d'eaux de ruissellement en réduisant les contaminants.
- Gestion efficace de l'eau en diminuant les débits envoyés au réseau municipal.

LEED

Système d'évaluation et de pointage sur la façon d'implanter et de concevoir les bâtiments, ainsi que sur l'aménagement écologique des sites, en vue d'une reconnaissance par une certification énergétique et environnementale.

Les drains à débit contrôlé

Cette technique consiste à mettre en place, sur les toits plats, des drains dont le débit est limité. À cause de cette restriction, seule une petite quantité d'eau est dirigée vers l'égout pluvial. Cela réduit énormément les débits de pointe. Lors de fortes averses, l'eau ainsi ralentie est entreposée sur le toit plat et prend de quelques minutes à quelques heures pour s'écouler vers le réseau municipal.

Une telle technique ne pose pas de problème de charge puisque le *Code national du bâtiment* autorise jusqu'à 150 mm d'accumulation sur les toitures. Souvent, les paramètres de conception pour les charges de neige et de glace donnent des résultats supérieurs à celui-ci.

Cette approche permettant facilement de ne pas surcharger les réseaux pluviaux, elle devrait, selon moi, faire partie des normes municipales de construction et être incluse au règlement d'urbanisme des villes ou dans les règlements de construction.

Sur les stationnements il faut rechercher des techniques qui permettent de retarder l'écoulement des eaux de pluie.

La rétention à la surface des stationnements

Dans les villes, près de 90 % des surfaces des sites commerciaux (stationnements et bâtiments) sont imperméables, ce qui génère de grandes quantités d'eau de ruissellement. Traditionnellement, toute cette eau était envoyée à l'égout pluvial. Heureusement, depuis quelques années, plusieurs villes légifèrent afin de limiter la quantité d'eau qu'il est permis de rejeter au réseau municipal.

Bouche d'égout

Ouvrage de captation des eaux de ruissellement, généralement identifiable par sa grille qui permet à l'eau d'entrer dans le réseau de canalisation souterraine.

Pour atteindre ces objectifs, on utilise une technique qui consiste à retarder l'écoulement de l'eau en la conservant temporairement à la surface des **bouches d'égout,** communément appelé puisard, pendant quelques minutes. Il s'agit là d'une façon de réguler le débit des eaux de pluie de façon à ce que même si l'intensité est grande, seule la quantité d'eau que le système d'égout pluvial du stationnement est capable d'absorber rentre dans le réseau.

Les bouches d'égout sont généralement localisées aux points bas des surfaces pavées. Ce sont des pentes d'environ 1 % qui dirigent l'eau vers ces points bas.

Avec la méthode de rétention, on positionne sur le site un nombre suffisant de bouches d'égout et on les installe à la même hauteur. On installe ensuite un régulateur de débit sur une conduite principale (accessible par un regard), ce qui permet de bloquer l'écoulement de l'eau et de la faire monter au-dessus des bouches d'égout. Ce refoulement contrôlé permet de stocker temporairement une grande quantité d'eau sur le pavage lors de fortes pluies. Une fois la pluie terminée, le surplus d'eau se résorbe.

Cette méthode, qui réduit les risques de débordement des réseaux, est assez bien connue au Québec. Toutefois, elle n'est pas exigée par la plupart des municipalités. De plus, elle permet des économies substantielles aux promoteurs, car elle offre la possibilité de réduire la grosseur des conduites nécessaire à l'évacuation des eaux de ruissellement.

Bien que simple, cette approche requiert cependant les services d'ingénieurs spécialisés en drainage urbain pour l'interprétation des courbes de pluies et le calcul des volumes optimaux de rétention.

La gestion des sédiments sur les terrains à bâtir

La mise à nu, lors du décapage de la terre végétale et du nivellement brut, d'un terrain cause toujours de l'érosion. Pour minimiser ce phénomène, il est intéressant de mettre en place des trappes à sédiments. Ce type d'aménagement permet de réduire la vitesse des eaux de ruissellement. Les particules fines et grossières de sol peuvent ensuite se déposer au fond d'un bassin. Ces techniques sont très utilisées aux États-Unis où elles font partie de la réglementation.

La réduction de la production de sédiments sur les terrains à bâtir ne nécessite pas d'investissement majeur, mais simplement une nouvelle façon de faire les choses.

TRAPPES À SÉDIMENTS

On commence par creuser un fossé d'un à deux mètres de large, de quelques centimètres de profondeur, sur une longueur d'environ 10 mètres. On dépose une membrane géotextile sur le fond. On crée ensuite des barrages avec de la pierre. Ceux-ci ralentissent l'eau et les particules se déposent sur la membrane géotextile. L'eau ainsi libérée d'une partie des sédiments est dirigée vers une bouche d'égout ou un cours d'eau récepteur. La pierre et la membrane peuvent être réutilisées plusieurs fois.

Les barrières à sédiments sont une pratique commune sur les chantiers routiers et les projets de construction immobilière aux États-Unis. Encore rares au Québec, ces systèmes ont, selon moi, la même importance que l'installation d'une clôture de chantier pour la protection du public. C'est pourquoi les devis et les réglementations municipales devraient les exiger.

LES BARRIÈRES À SÉDIMENTS

Cette technique consiste à installer une membrane géotextile soutenue par des piquets. Encore une fois l'objectif est d'éviter l'éparpillement des sédiments et des matières végétales (gazons, feuilles) lors des pluies.

Les meilleures pratiques de gestion des eaux

Pour réduire les impacts négatifs des eaux de ruisselle-ment, et de la pollution qu'elles charrient, plusieurs métho-des novatrices pour la gestion des eaux pluviales peuvent être mises en place.

Les puits d'infiltration

Cet équipement est composé d'un regard sans fond qui recueille, emmagasine et infiltre les eaux des pluies prove-nant principalement des toitures. Les côtés du regard peu-vent être perforés pour une meilleure infiltration de l'eau. Un système de prétraitement, permettant d'éliminer les sé-diments, afin de ne pas colmater le puits d'infiltration, doit compléter cette installation.

Cette technique d'infiltration est limitée par la capacité d'emmagasinement du puits, la quantité d'eau à infiltrer, le temps écoulé entre les apports d'eau, la perméabilité du sol en place et la hauteur de la nappe phréatique.

Les marais artificiels

Ils servent à réduire les apports de pollution ponctuel-le et diffuse avant que l'eau ne se rende à un cours d'eau. L'élimination des polluants se fait par adsorption, par l'assi-milation des toxines à travers les différentes sortes de plan-tes, par la rétention, par la sédimentation, par la filtration et par une décomposition microbienne.

Ces marais sont composés d'un substrat de pierre et de terre qui repose sur une membrane imperméable. Il nécessi-te souvent une pompe pour y faire parvenir l'eau et l'écoule-ment se fait par gravité ou par vases communicants.

Les marais filtrants sont une manière naturelle d'épurer les eaux de pluie.

Pour obtenir une épuration optimale, la conception de ces sys-tèmes nécessite une attention particulière pour trouver l'équili-bre idéal entre l'eau, les plantes et le substrat où reposent les racines des plantes.

Les bassins d'orages

Aussi appelés bassins de rétention, ils permettent d'emmagasiner de plus ou moins grandes quantités d'eau afin de retarder leur écoulement vers les cours d'eau. Dans un tel équipement, l'eau est seulement ralentie, puis elle est dirigée en petite quantité vers le milieu récepteur, protégeant ainsi celui-ci. La vitesse d'écoulement étant réduite, la décantation des sédiments et des matières polluantes est favorisée.

Lors du temps de séjour dans le bassin, de petites quantités d'eau peuvent s'infiltrer par le fond et ainsi recharger la nappe phréatique.

Les bassins d'orages peuvent prendre des formes diverses.

UN GESTE ÉCOLOGIQUE

Au Québec, dans des quartiers plus âgés, certaines villes demandent aux résidants de débrancher les descentes pluviales raccordées à l'égout unitaire. Les techniques du baril, de la citerne ou de l'entreposage de l'eau dans des jardins d'eau peuvent être envisagées.

Le débranchement des descentes pluviales

Cette technique vise à réduire la quantité d'eau envoyée à l'égout, surtout dans les cas où celle-ci est dirigée vers un égout unitaire ou vers l'égout sanitaire.

Le fait de débrancher les drains de toits des réseaux municipaux permet des économies substantielles en traitement des eaux puisqu'elles ne sont plus dirigées vers les réseaux municipaux.

L'eau de pluie peut être retenue par des barils ou des citernes souterraines (voir le chapitre *Contrôler le ruissellement autour des résidences*).

Les tranchées drainantes

Elles sont habituellement constituées d'un tuyau de polyéthylène ou de PVC, recouvert d'une membrane évitant ainsi le colmatage des orifices, entouré d'un lit de pierre nette. Le tout étant enveloppé d'une membrane géotextile.

Lors des événements pluvieux, l'eau est captée par ce tuyau et les perforations permettent à une certaine quantité d'eau d'occuper l'espace entre les morceaux de pierre situés autour de la conduite. L'eau aboutit ainsi près du terrain récepteur et une partie s'infiltre dans le sol. Ces tranchées permettent la rétention de l'eau, son infiltration et l'alimentation de la nappe phréatique. De plus, les polluants présents dans l'eau de ruissellement sont captés par absorption dans le sol.

Cette technique réduit la quantité d'eau de ruissellement et permet l'amélioration de la qualité de l'eau. Ces tranchées, habituellement peu profondes, peuvent être facilement intégrées dans les aménagements paysagers, ainsi que sous les chaussées ou les passages piétonniers.

Terre végétale ou matériaux de structure

Géotextile ou géomembrane

Drain PVC 300 mm Ø

Pierre concassée

Tranchée drainante par rétention   *Tranchée drainante par infiltration*

Les désableurs-dégraisseurs

Très pollué, le «*first flush*» devrait subir un traitement avant d'être envoyé dans un milieu récepteur naturel comme un cours d'eau.

LE «*FIRST FLUSH*»

Les eaux de ruissellement circulant sur les surfaces pavées des stationnements se chargent de particules (sable, terre, poussières, etc.) et de polluants qui sont déposés sur la surface. Il arrive que les véhicules perdent des huiles et des graisses. La pluie ramasse tous ces résidus. En langage d'ingénierie, les premières gouttes d'eau qui entrent ainsi fortement salies par tous les polluants de surface dans le réseau d'égout pluvial se nomment le «*first flush*».

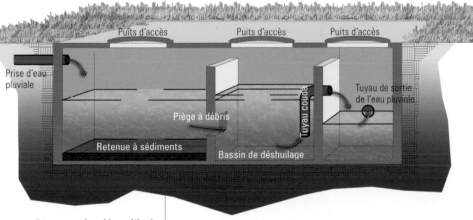

Séparateur de sable et d'huile

Pour décontaminer le «*first flush*» on peut utiliser des désableurs-dégraisseurs. Il s'agit en fait d'une structure possédant des compartiments qui retiennent les huiles, les graisses et les sédiments potentiellement contaminés. Les contaminants étant tous récupérés au même endroit, lors de l'entretien, qui doit être périodique, ils sont éliminés en même temps par la même équipe de travail.

La plupart du temps, ces appareils réussissent à respecter les réductions de la quantité de sédiments et de phosphore demandées par le guide LEED. Plusieurs modèles sont vendus au Québec.

Actuellement, aucune législation provinciale n'oblige les propriétaires de stationnement de grandes surfaces, les villes et le ministère des Transports du Québec (MTQ) à installer ce genre d'appareils. Seules quelques municipalités demandent, par réglementation, d'installer ces équipements dans tous les nouveaux projets de construction.

Les bassins de retenue

Communément appelés bassins de rétention, ils contiennent une certaine quantité d'eau en permanence. Ce sont en fait d'immenses «trous» qui reçoivent des eaux pluviales non traitées. Ils servent ainsi à régulariser les débits en captant l'eau.

Ils fonctionnent selon le principe de rétention, d'infiltration et d'évaporation. Des végétaux, des algues et des bactéries permettent l'absorption et la décomposition de certains polluants.

L'espace de stockage est habituellement proportionnel aux pluies de récurrence 50 à 100 ans. La plupart des bassins de rétention sont conçus pour être vides par temps sec, ce qui augmente leur capacité de stockage. En diminuant leur profondeur, on diminue ainsi le coût de construction.

Les bassins de rétention sont aménagés de manière à pouvoir accueillir des pluies exceptionnelles.

Les filtres à sable

Ils sont conçus pour filtrer les eaux provenant de secteurs résidentiels et commerciaux, des stationnements et des voies de circulation. Ils retiennent les sédiments contaminés, les polluants comme les métaux lourds, les coliformes et le phosphore.

Ces bassins sont composés d'une épaisse couche de sable filtrant recouvert de gravier. La nature du sol récepteur doit être suffisamment percolant pour faciliter l'infiltration de l'eau afin de recharger la nappe phréatique. Un système de prétraitement des sédiments doit cependant être installé en amont du bassin afin de ne pas colmater le filtre.

Ce filtre enlève toutes les impuretés à l'eau (comme un filtre de piscine). De plus, il a un pouvoir d'épuration en raison de la présence de bactéries qui dégradent certains composés organiques.

L'ajout d'arbres dans une ville permet de ralentir la course de l'eau de pluie.

La foresterie urbaine

La foresterie urbaine a pour objectif de conserver et de préserver les arbres matures et les boisés existants en milieu urbain. Elle facilite la gestion qualitative et quantitative des eaux de ruissellement de plusieurs manières.

L'interception de l'eau par le feuillage permet l'évaporation d'une certaine quantité d'eau vers l'atmosphère.

La présence de racines permet d'ameublir le sol et de laisser pénétrer l'eau de pluie. La foresterie urbaine favorise donc la recharge de la nappe phréatique et la réduction de la quantité d'eau de ruissellement.

Les feuilles permettent aussi l'absorption de polluants atmosphériques et réduisent la quantité de gaz à effet de serre présente dans l'atmosphère.

Selon les différentes espèces, les arbres interceptent environ 25 % de l'eau de pluie. Les plantations d'arbres et d'arbustes réduisent de 30 à 50 % le débit des eaux de ruissellement par rapport aux surfaces gazonnées. L'érosion des sols est aussi réduite grâce à la foresterie urbaine.

Les plantations d'arbres et d'arbustes en milieu urbain ne donnent pas seulement des effets positifs sur l'écologie, mais elles ont aussi un impact sur l'aspect psychologique, car la présence de plantes influence le mieux-être des gens.

Les baissières, les bandes filtrantes et les fossés végétalisés

Les bandes filtrantes peuvent être gazonnées ou plantées.

Pour permettre à l'eau de rejoindre le cours d'eau récepteur, les baissières gazonnées sont une façon économique de transporter les eaux de ruissellement. D'une profondeur variable, ces fossés sont composés d'un fond relativement plat et de pentes latérales, accentuées ou non, tout dépendant de l'espace disponible.

Un fossé végétalisé permet une meilleure infiltration qu'un fossé dont le sol est à nu.

Les bandes filtrantes sont des bandes de végétation, généralement gazonnées, mais aussi parfois composées d'arbustes ou de plantes ligneuses.

Les paramètres de conception varient selon la capacité hydraulique requise du fossé, de l'érosion qui sera générée par la vitesse de l'écoulement de l'eau, de la nature des sols et du type de revêtement de la surface du fossé.

Le ralentissement de l'eau dans ces ouvrages permet de di minuer les débits de pointe.

Les baissières et les bandes filtrantes absorbent une partie de l'eau qui y circule en la faisant percoler dans le sol. L'infiltration de l'eau se fait à travers le substrat végétal, ce qui favorise une certaine épuration.

Selon leur conception, les bandes filtrantes arborées peuvent retenir jusqu'à 40 % des éléments nutritifs des plantes dans les eaux urbaines de surface et environ 60 % des particules. Dans ces fossés avec un couvert végétal, les polluants sont enlevés en partie par la sédimentation des particules dues à la réduction de la vitesse d'écoulement, à la filtration à travers les végétaux et en une certaine partie par l'infiltration dans le sol. La végétation doit cependant être refaite périodiquement et les sédiments enlevés. La vitesse de l'eau en deçà de 0,50 m/s permet la déposition des sédiments au fond des fossés.

Les fossés végétalisés sont généralement composés de plantes indigènes qui nécessitent peu d'entretien. Ils sont aménagés pour filtrer l'eau de ruissellement et éliminer les contaminants ou les particules de terre avant qu'elles n'atteignent le plan d'eau récepteur.

Le transport de l'eau dans les fossés permet aussi aux gens de prendre conscience de la présence de l'eau dans leur milieu de vie. Dans la plupart des milieux urbains, l'eau est rapidement acheminée vers les bouches d'égout et disparaît sous terre dans les canalisations souterraines. Les citoyens ne prennent alors pas conscience du phénomène de ruissellement, car ils ne le voient pas.

Deux exemples

Plusieurs États ou villes américaines ont publié un guide des meilleures pratiques de gestion des eaux pluviales. Celui-ci peut inspirer responsables, gestionnaires et élus gouvernementaux.

L'exemple de la ville de Portland

La ville de Portland, en Oregon, a mis sur pied le projet *Green Street* pour réduire la quantité d'eau de ruissellement et son impact sur les cours d'eau récepteurs. Ces actions se sont soldés par :

- l'inventaire des conduites pluviales sur le territoire ;
- la documentation et l'analyse des impacts de l'imperméabilisation des surfaces sur la quantité d'eau acheminée aux cours d'eau ;
- l'élaboration de lignes directrices pour la réduction significative des surfaces imperméables et l'impact sur les cours d'eau ;
- la création d'un guide des bonnes pratiques présentant des critères de conception ;
- la validation des modèles proposés pour en déterminer l'efficacité ;
- la comparaison des coûts entre la conception traditionnelle et celle plus écologique.

Ces études ont permis d'affirmer que la végétation peut ralentir suffisamment les eaux de ruissellement, favoriser la percolation dans le sol et la sédimentation des particules avant que l'eau ne soit acheminée au cours d'eau. Ces façons de faire tentent d'imiter les conditions initiales de prédéveloppement.

La ville de Portland, en Oregon, fait figure d'avant-gardiste dans la gestion des eaux de ruissellement.

L'exemple de l'État du New Jersey

Un règlement du New Jersey demande que des stratégies de gestion des eaux de ruissellement qui sont non structurales soient incorporées dans le développement de sites importants. Elles sont au nombre de neuf :

1) protéger les surfaces permettant de conserver la qualité de l'eau ;

2) minimiser les surfaces imperméables, interrompre ou démolir les raccordements de surfaces imperméables reliés au service d'égouts pluviaux ;

3) maximiser la protection de la végétation et des ouvrages servant au drainage naturel des eaux ;

4) minimiser la réduction du temps de concentration du site de développement. Le **temps de concentration** du site après construction devrait être le même que celui avant développement ;

5) minimiser la perturbation des sols incluant les activités de décapage et de nivellement du site ;

6) minimiser la compaction du sol en limitant la circulation des équipements de construction ;

Temps de concentration

Dans un bassin-versant, temps que prend la goutte d'eau la plus éloignée d'un point d'intérêt pour y aboutir.

UNE SOURCE D'INSPIRATION

Le Québec peut se doter d'un système comparable de gestion des eaux de ruissellement. Il faut aller plus loin que les bonnes intentions. Actuellement, plusieurs nouvelles constructions sont réalisées selon le guide LEED qui, à mon avis, sera le standard de l'industrie de la construction d'ici quelques mois.

L'État du New Jersey a mis en place des stratégies de gestion des eaux de ruissellement.

7) implanter un aménagement paysager à faible entretien comme des écopelouses, encourager la rétention et la plantation de plantes indigènes et minimiser l'utilisation d'herbicides, fertilisants et pesticides ;

8) favoriser l'implantation de fossés de drainage ouverts végétalisés se déversant ou passant au travers d'une zone végétalisée et stable ;

9) obtenir d'autres sources de contrôle pour prévenir ou minimiser le relâchement de polluants dans les eaux de ruissellement. Ces sources incluent :

- des ouvrages facilitant la prévention de l'accumulation de rebuts et de débris dans le système d'égout pluvial ;
- des ouvrages aidant à prévenir ou à contenir les déversements ou autres accumulations de polluants sur les sites de développement industriel et commercial ;
- lors de la restauration après la perturbation d'un site, appliquer des fertilisants selon les règlements en vigueur.

Ces stratégies sont préalables, et doivent faire partie de tous les projets de développement.

Lorsque ces mesures sont intégrées correctement dans la conception des sites, elles sont efficaces pour réduire les augmentations des volumes, des débits, des charges et des concentrations polluantes qui sont induites par les nouveaux projets.

POUR ALLER PLUS LOIN

Je crois que le type de démarche proposé par l'État du New Jersey et la ville de Portland devrait faire l'objet d'un protocole québécois de recherche pour en évaluer l'efficacité et ainsi valider la faisabilité d'un tel système selon l'intensité de nos précipitations et notre climat. Par la suite, l'information pourrait être partagée avec tous les professionnels et des projets similaires pourraient alors être mis sur pied.

*Au Québec, le milieu agricole occupe
une importante partie du territoire.*

Contrôler les fuites à la ferme

Jacques **NAULT**

DANS LA « CRISE » DES ALGUES BLEUES, l'agriculture est souvent mise en cause. Pas étonnant, car elle est effectivement une productrice importante de phosphore. Or, comme ce livre le démontre, plusieurs autres types d'activités humaines (les riverains, les municipalités, les développeurs, les forestiers, etc.) ont aussi une part de responsabilité. Tout le monde doit donc prendre les actions nécessaires pour enrayer ce problème environnemental. Les agriculteurs comme les autres.

Par conséquent, voici plusieurs suggestions pour contrôler et réduire les émissions de contaminants (éléments nutritifs et sédiments) sur les fermes.

La ferme: un écosystème poreux

Une entreprise agricole peut être vue comme un miniécosystème sur lequel sont recyclés les éléments nutritifs comme l'azote et le phosphore.

Ces éléments nutritifs vont du sol aux cultures qui sont ensuite entreposées avant de nourrir les animaux. Après ingestion, les éléments nutritifs sont rejetés par les animaux. Ils aboutissent alors dans les fumiers qui sont retournés au sol… et le cycle peut recommencer.

On observe ce même recyclage dans un écosystème forestier. Les éléments nutritifs sont prélevés par les plantes (arbres, arbustes et autres) dans le sol, puis retournés dans celui-ci, en automne lors de la tombée des feuilles, ou au moment de la mort des plantes.

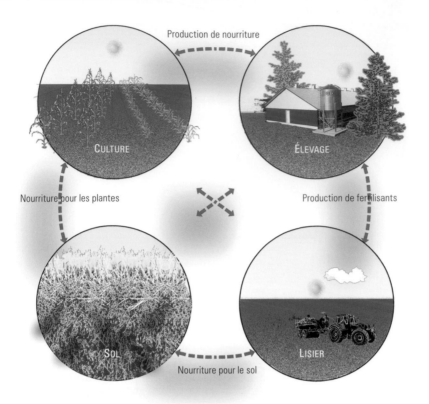

Production de nourriture

CULTURE

ÉLEVAGE

Nourriture pour les plantes

Production de fertilisants

SOL

LISIER

Nourriture pour le sol

Une ferme peut être vue comme un miniécosystème sur lequel les éléments nutritifs sont recyclés.

Une comparaison intéressante

Il est possible de comparer le recyclage des éléments nutritifs dans un écosystème agricole et dans un écosystème forestier. À cette fin, on considère que chacun d'eux fait quelques centaines d'hectares. Pour faire cette comparaison, on établit une échelle en fonction des pertes de sol et d'éléments nutritifs s'échappant de chacun d'eux.

Dans l'écosystème forestier, il n'y a pratiquement pas de transport ou d'«exportation» d'éléments nutritifs. Les pertes dues à l'érosion des sols sont très minimes. En résumé c'est un écosystème relativement étanche.

Dans l'écosystème agricole, il y a transport ou «exportation» d'éléments nutritifs. Les pertes dues à l'érosion des sols (par le vent ou l'eau) peuvent être nombreuses. En résumé c'est un «écosystème» qui tend à être relativement poreux.

Constatation: ces deux écosystèmes se situent aux extrêmes de l'échelle. Il est donc utopique de croire que l'on peut rendre l'écosystème agricole aussi étanche que l'écosystème forestier.

Il est intéressant de comparer les écosystèmes très différents que sont le milieu agricole et le milieu forestier.

Toutefois, il est possible de s'en approcher au point où ses impacts n'affectent pas la qualité de l'environnement plus large dans lequel il se trouve et en particulier la qualité des plans d'eau, ultimes receveurs de ce qui s'en échappe.

Comment rendre un système agricole plus étanche ? Pour répondre à cette question, il faut comprendre ce qui se passe sur une ferme.

Les sources de fuites

Sur une ferme, les éléments nutritifs peuvent s'échapper de trois endroits :

- les lieux d'élevage (bâtiments, structures d'entreposage et cours d'exercice) ;
- les pâturages ;
- les champs.

Les bâtiments, les structures d'entreposage et les cours d'exercice

Au Québec, les productions animales représentent la plus grande proportion des fermes commerciales. Il s'agit des entreprises agricoles qui génèrent des revenus suffisants pour être l'activité économique principale des personnes qui y travaillent. Il y a environ 25 000 fermes dans cette situation au Québec.

Les bâtiments d'élevage et les structures d'entreposage de ces entreprises doivent être étanches et être en mesure de retenir et d'entreposer tous les rejets chargés d'éléments nutritifs. Ceux-ci incluent, bien entendu, tous les fumiers produits, mais aussi les eaux de lavage, de même que tous lixiviats issus de l'entreposage des aliments utilisés à la ferme.

Le Québec, par le biais d'un règlement et d'incitatifs financiers, a obligé les entreprises agricoles à apporter les correctifs nécessaires pour atteindre cette étanchéité. Les entreprises ont donc modifié leurs bâtiments, construit des structures d'entreposage étanches et éliminé les cours

Lixiviat

Liquide produit par le passage de l'eau au travers des matières organiques ou des déchets.

d'exercice non étanches. Mis en vigueur au cours des années quatre-vingt-dix, ce programme touchait alors les plus grosses fermes produisant du fumier liquide (lisier). Il doit prendre fin en 2010 avec les plus petites fermes dont les fumiers sont gérés sous forme solide.

Les structures d'entreposage des fermes importantes se doivent aujourd'hui d'être étanches.

Ces changements s'avèrent un succès dans la mesure où les éléments nutritifs qui s'échappaient du lieu d'élevage par ruissellement avec l'eau de pluie sont maintenant retenus et entreposés et ne risquent pas (à moins d'une catastrophe) de s'écouler dans les cours d'eau.

Les cours d'exercice à l'extérieur des bâtiments, qui se transformaient rapidement en carré de boue, ont pratiquement disparu. Les alentours des bâtiments restent maintenant propres. Dans les faits, il est encore possible d'avoir une cour d'exercice pourvu que le ruissellement de l'eau y soit contrôlé et les fumiers repris et épandus correctement.

Grâce à ces contraintes imposées aux agriculteurs, l'eau de pluie qui tombe sur les bâtiments et autour d'eux ne se charge plus de contaminants (éléments nutritifs et matières en suspension) avant de s'écouler vers les fossés entourant les lieux d'élevage.

Il reste par contre une source de contamination potentielle. Il s'agit des pertes d'azote ammoniacal. Cette substance, provenant de l'urine des animaux, est ventilée hors des bâtiments pour des raisons évidentes et s'échappe aussi des structures d'entreposage. Elle est la cause principale de l'odeur désagréable perçue aux abords des ventilateurs et des fosses à lisier. Une fois hors du bâtiment ou de la structure d'entreposage, l'azote ammoniacal est transporté par les courants d'air et finit par retomber au sol.

Pour éviter les problèmes d'odeur, les bâtiments doivent être bien ventilés.

Il n'existe, à ma connaissance, aucun moyen d'éliminer cette source potentielle de contamination. Elle ne représente par contre qu'une faible proportion de l'azote généré et le problème en est un d'odeur plutôt que de contamination des sols et de l'eau.

Les solutions consistent donc à réduire les odeurs, en dessinant et construisant des bâtiments qui permettent la ventilation par le toit et en couvrant les fosses.

Les pâturages

Les pâturages sont des parcelles couvertes d'herbes vivaces et servant de source d'aliments pour les herbivores (bovins, moutons et chevaux). S'ils sont cultivés adéquatement, ils permettent de combler, tout au cours de l'été, une partie importante des besoins alimentaires d'un troupeau.

Bien géré, un pâturage ne représente pas une source de contaminants. Il le devient pour les cours d'eau dans deux situations :

• lorsqu'il devient cour d'exercice ;

• lorsque les animaux qui s'y trouvent ont accès directement à un cours d'eau pour s'abreuver.

Dans le premier cas, l'utilisation du mot pâturage est inappropriée puisqu'une cour d'exercice ne comble pas une partie importante des besoins alimentaires du troupeau qui s'y trouve. Il faut savoir qu'il est illégal de transformer un pâturage en cour d'exercice non étanche. C'est pourquoi ce genre de pratiques a disparu de la plupart des fermes visées par le règlement. Aujourd'hui, les animaux sont gardés à l'intérieur durant toute l'année, ou encore ils ont accès à de vrais pâturages.

Malheureusement, on observe encore beaucoup ce genre de situation sur les très petites fermes et chez les agriculteurs à temps partiel qui échappent au contrôle réglementaire, et qui possèdent quelques chevaux, moutons ou vaches. Pour ce type d'exploitations, plusieurs solutions sont proposées, à la section *Minimiser le risque de contamination provenant des lieux d'élevage.*

Il est formellement interdit de laisser les animaux pénétrer dans les cours d'eau.

Dans le deuxième cas, les animaux qui ont accès aux cours d'eau constituent une infraction au règlement actuellement en vigueur. Personne n'a le droit de permettre un tel accès.

Les champs

À la lumière des éléments précédents, il est clair que les lieux d'élevage (granges, étables, structures d'entreposage, etc.) et les pâturages ont fait l'objet de nombreux efforts au cours des 15 dernières années. À tel point que ces milieux d'élevage sont devenus relativement étanches et contribuent de moins en moins aux écoulements d'éléments nutritifs qui aboutissent dans les cours d'eau.

Le lieu d'élevage est l'endroit où sont produits et entreposés tous les rejets. Évidemment, les structures d'entreposage ont des capacités limitées, allant habituellement de 8 à 12 mois. Elles doivent être vidées d'une à trois fois par année. Si le lieu d'élevage est la source des éléments nutritifs, les champs en sont les récepteurs.

Les champs ont une capacité d'absorption limitée des éléments nutritifs.

Puisqu'ils reçoivent sous forme de fumier, éléments nutritifs et matières organiques, les champs cultivés sont une source potentielle de pollution importante pour les cours d'eau. Il y a trois situations qui font que les parcelles cultivées contribuent à la contamination des cours d'eau :

TROIS SOURCES DE FUITES

Dans les champs, les éléments nutritifs peuvent fuir de trois manières :
- par percolation, c'est-à-dire en s'infiltrant dans le sol et en rejoignant la nappe phréatique ;
- par érosion, c'est-à-dire transportés avec les particules du sol arrachées par l'eau et parfois par le vent dans les champs cultivés ;
- par ruissellement, c'est-à-dire transportés par l'eau de surface qui se draine vers les fossés.

a) quand la quantité d'éléments nutritifs appliqués dépasse la capacité de réception des sols. On peut alors dire que «l'éponge est pleine». Les éléments nutritifs percolent alors dans le sol et peuvent rejoindre la nappe phréatique ;

b) à cause de l'érosion des sols ;

c) si l'épandage des matières fertilisantes est fait dans des conditions météorologiques difficiles et humides. Les éléments nutritifs et les matières organiques ruissellent alors à la surface du sol et coulent avec l'eau vers les fossés.

Le ruissellement peut provoquer l'érosion des sols agricoles.

La capacité de réception des sols

Même s'il s'agit d'une analogie un peu boiteuse, on peut comparer un sol à une éponge. Les éléments nutritifs seraient au sol ce que l'eau est à l'éponge.

Lorsqu'elle est sèche ou juste un peu humide, elle peut absorber relativement beaucoup d'eau. Sa capacité de réception est élevée.

Lorsqu'on verse de l'eau sur la même éponge déjà humide, on peut verser moins d'eau avant qu'elle ne soit saturée. Sa capacité de réception est donc plus faible.

Enfin, si l'éponge est presque saturée d'eau, sa capacité de réception est très faible. Elle ne peut absorber qu'une petite quantité d'eau avant de déborder.

Le sol est un milieu complexe et vivant dans lequel poussent les cultures. Sa capacité de réception varie en fonction de sa qualité, de son type, des plantes qu'on y cultive et des rendements espérés. Lorsqu'un sol est pauvre et que le rendement des cultures est faible, on peut, en utilisant engrais et fumiers, l'enrichir et le rendre plus productif. C'est d'ailleurs un des objectifs agronomiques visés par un bon programme de fertilisation des sols, c'est-à-dire l'enrichissement et l'amendement des sols pour en améliorer les propriétés physiques, chimiques et biologiques.

Au fur et à mesure qu'un sol s'enrichit, sa capacité de réception diminue. Plus le sol est riche, moins il a besoin d'être fertilisé et amendé pour être productif. En fait, en continuant à fertiliser un sol riche, comme s'il était pauvre, on excède sa capacité de réception et on augmente les risques que les éléments nutritifs s'en échappent et contribuent à la contamination des cours d'eau.

Les champs ont une capacité d'absorption limitée des matières organiques.

Il existe deux circonstances qui contribuent à excéder la capacité de réception du sol.

La première apparaît lorsque les superficies disponibles à l'épandage sont trop petites pour recevoir les fumiers produits. On peut affirmer que si la ferme possède suffisamment de terres pour produire les aliments consommés par les animaux qu'elle élève, elle possède suffisamment de fumier pour fertiliser ses terres. Dans un effort de rationalisation et d'hyperspécialisation, plusieurs entreprises agricoles ont développé les productions animales sans qu'une augmentation correspondante des superficies cultivées soit envisagée. Ces entreprises font donc face à un surplus de fumier et risquent de dépasser systématiquement la capacité de réception de l'ensemble de leurs parcelles.

Les solutions se trouvent dans l'augmentation des surfaces d'épandage. Comme on le verra plus loin, il existe plusieurs façons d'y arriver.

La deuxième situation est moins grave et plus facile à gérer. Il s'agit d'entreprises qui possèdent un bon équilibre entre les superficies totales cultivées et le nombre d'animaux élevés. Cependant, pour des raisons de manque de temps, par souci de réduction de coûts associés à la gestion des fumiers, ceux-ci sont appliqués année après année sur les mêmes parcelles, alors que les parcelles plus éloignées ou moins accessibles en reçoivent peu ou pas.

Une ferme doit posséder les superficies nécessaires pour épandre les fumiers qu'elle produit.

Dans ce cas, la solution consiste à distribuer le fumier de façon plus uniforme entre les parcelles en suivant un bon programme de fertilisation et d'amendement des sols et des cultures. La section *Respecter la capacité de réception des sols* fait le point sur cette situation.

L'érosion des sols

L'érosion des sols constitue un des problèmes les plus importants auquel le monde agricole tarde à s'attaquer. Le Québec s'est doté d'un règlement extrêmement costaud en ce qui a trait à la fertilisation des sols et au respect de la capacité de réception des sols (voir à ce sujet la section *L'aspect réglementaire*). Malheureusement, ce même règlement ne fait aucune allusion au problème de l'érosion des sols.

L'érosion peut arracher des pans complets de berge.

Au Québec, on estime qu'on perd entre cinq et dix tonnes par hectare de sol cultivé par année. Ce sol, et par surcroît sa partie la plus productive, est celui que l'eau arrache des champs et transporte jusqu'au fossé.

L'érosion des sols peut prendre plusieurs formes. L'eau peut ruisseler à la surface du sol et entraîner les particules les plus fines du sol. La vélocité de l'eau coulant dans un fossé, un ruisseau ou une rivière peut être telle qu'elle parvient à arracher des pans complets des berges du cours d'eau.

L'eau qui s'accumule dans une parcelle va nécessairement suivre les courbes et la pente naturelle. Elle peut ainsi se concentrer et se frayer un chemin qui finit par entraîner le sol, se creuser et former de profondes rigoles d'érosion.

L'érosion du sol est un phénomène complexe qui dépend de plusieurs facteurs. Il faut prendre en compte :

- le type de sol ;
- les précipitations ;
- la pente du terrain ;
- la couverture du sol (type de plante, chaume, etc.) ;
- la distance entre le champ et le cours d'eau ;
- la manière dont le sol est travaillé (profondeur et intensité du travail du sol).

Tous ces facteurs ont été regroupés dans une équation (équation universelle des pertes de sols) qui permet d'estimer les pertes attendues d'une parcelle donnée.

Ainsi un champ composé de sable fin, avec une pente de 3 à 5 % travaillé de façon conventionnelle avec une charrue à versoir et sur lequel ne pousse que du maïs devrait perdre près de 15 tonnes de sols par hectare par an.

Le même sol, où alternent sur une période de six à huit ans du foin et du maïs et sur lequel aucun travail de sol n'est effectué (semis direct) ne perdra que 1 à 2 t/ha de sols par an.

Cette équation et les résultats qui en découlent ne donnent qu'un portrait flou de la réalité. En fait, elle n'indique qu'une tendance. C'est dire à quel point l'érosion des sols est un phénomène complexe et varié.

Les agriculteurs américains ont accès à des outils extrêmement intéressants pour aider à gérer leurs parcelles et à évaluer les effets de leurs pratiques. Un de ces outils consiste à comparer les pertes de sols attendues en fonction de leurs approches de gestion (rotation de cultures et travail de sol) avec une quantité absolue maximale tolérable. Ces agriculteurs doivent modifier leurs pratiques pour arriver à limiter les pertes de sols sous ce seuil maximal jugé tolérable.

La quantité de sol perdu dans un champ varie selon le type de sol et les méthodes de culture.

Au Québec, l'Institut de recherche et de développement en agroenvironnement (IRDA), en collaboration avec le ministère de l'Agriculture, des Pêcheries et de l'Alimentation du Québec (MAPAQ) et des regroupements d'agriculteurs, fait beaucoup de recherche appliquée. Ils travaillent à comprendre et à analyser le comportement de l'eau à la surface du sol en fonction du relief du terrain, tant au niveau du bassin-versant qu'à l'échelle de la parcelle. Ces recherches aideront les agriculteurs et leurs conseillers à déterminer les meilleures stratégies pour contrôler le mouvement de l'eau et minimiser les risques d'érosion.

L'épandage des matières fertilisantes en conditions météorologiques adverses

Il coule de source que les moments dans l'année où les matières fertilisantes devraient être appliquées coïncident avec les besoins des cultures en éléments nutritifs.

L'application des matières fertilisantes doit donc précéder de quelques semaines, voire de quelques jours, la croissance des cultures qui s'accompagne évidemment du prélèvement des éléments nutritifs. C'est pour cette raison que la grande majorité des fumiers et engrais sont épandus au printemps et en été.

Qui plus est, ces matières fertilisantes gagnent à être incorporées au sol de telle sorte qu'à cette disponibilité dans le temps s'ajoute la proximité dans l'espace.

Cependant, pour toutes sortes de facteurs, dont la capacité de stockage des structures d'entreposage, et pour des raisons d'organisation du travail, une partie des fumiers est toujours épandue en automne, c'est-à-dire à un moment où les cultures ont cessé leur croissance. Sans compter qu'il n'est pas toujours possible d'incorporer au sol les fumiers appliqués. C'est le cas de l'épandage du lisier de vaches sur une parcelle de foin en été. C'est une pratique courante, recommandée par nombre d'agronomes et encouragée par les spécialistes du MDDEQ.

Les fumiers appliqués et laissés en surface, ainsi que les matières fertilisantes appliquées en automne, peuvent subir ce qu'il convient d'appeler des conditions météorologiques adverses. Peu de temps après leur épandage, ou du moins bien avant que les éléments nutritifs qu'ils contiennent ne soient prélevés par les cultures, de fortes pluies peuvent les entraîner vers les fossés. De source de nutrition pour les plantes, ils se transforment en contaminants pour les cours d'eau.

Il est évidemment impossible de changer la météo, mais il est tout à fait raisonnable de penser qu'on peut gérer adéquatement le risque.

Il est possible de maximiser l'utilisation des éléments nutritifs et de minimiser les menaces d'érosion du sol et de contamination de l'eau. Pour y parvenir, il faut du gros bon sens et l'utilisation de bonnes pratiques agricoles.

L'application de fumier avant des fortes pluies peut avoir de graves conséquences.

Comment faire pour minimiser les fuites

Avec un peu de planification, on peut éviter les fuites dans les lieux d'élevage, les pâturages et les champs. C'est ainsi qu'on empêche les contaminants d'aboutir dans les cours d'eau.

Minimiser les risques de contamination provenant des lieux d'élevage

C'est souvent dans les petites fermes que les tas de fumiers sont entreposés directement sur le sol.

Comme on l'a vu précédemment, la grande majorité des lieux d'élevage sont étanches. Le nombre de cours d'exercice proches des bâtiments qui se transforment rapidement en carré de boue dans laquelle pataugent les animaux a beaucoup diminué. Il reste cependant encore des cours d'exercice et des tas de fumiers entreposés directement sur le sol, mais on les observe surtout sur les plus petites entreprises. Ces petites fermes manquent de ressources pour se doter de structures d'entreposage étanches. Souvent elles n'ont pas les moyens pour éliminer, gérer adéquatement ou transformer leurs cours d'exercice en pâturage.

Les problèmes avec les cours d'exercice sont :

* les animaux y produisent beaucoup trop de déjections par rapport à la capacité de réception du sol ;
* le sol a tendance à y être saturé d'eau, ce qui fait que l'eau de pluie qui y tombe cherche à ruisseler à la surface entraînant avec elle fumiers et sol.

Faut-il se préoccuper de ces situations ? Sûrement, mais pas au point de nuire à la survie de ces petites fermes.

Pour minimiser le risque de contamination, les fermes qui n'ont pas de structures étanches et qui tiennent à leur cours d'exercice devraient :

* éviter d'entreposer les fumiers toujours au même endroit. Elles devraient pratiquer l'alternance d'une année à l'autre entre deux sites d'entreposage ;

Risberme

Talus de protection.

- s'abstenir d'entreposer les fumiers près d'un cours d'eau, et si cela n'est pas possible, de fabriquer une **risberme** pour empêcher les lixiviats de couler vers le cours d'eau ;
- utiliser le plus de litière possible pour que les fumiers soient très pailleux et riches en fibre, ce qui contribue à les rendre plus absorbants et moins prompts à s'égoutter.

Pour ce qui est des cours d'exercice, il faut les gérer pour qu'elles restent le plus sèches possible. Pour cela, on doit :

- éviter de les utiliser par temps pluvieux ;
- ne pas les exploiter en automne et au printemps ;
- prévoir l'utilisation de deux ou trois cours d'exercice ou du moins séparer la cour d'exercice en deux ou trois sections afin de maintenir un peu de végétation pour couvrir, protéger et retenir le sol.

Les cours d'exercice doivent être utilisées adéquatement pour en minimiser les fuites.

Implanter des pâturages rotatifs

Les pâturages devraient remplacer les cours d'exercice. Si un agriculteur tient à ce que ses animaux aient accès à l'extérieur, il devrait être en mesure de leur fournir une surface suffisante pour servir de pâturage.

De plus, les pâturages devraient être gérés de telle sorte qu'ils soient une source d'aliments pour les animaux tout au cours de l'été. Sans entrer dans les détails, cela signifie que le pâturage est cultivé en une succession de petites parcelles auxquelles ont accès les animaux tout au cours de l'été.

Pour éviter que les animaux détruisent la végétation, on leur donne accès à une seule miniparcelle à la fois, et ce pendant seulement quelques jours, voire quelques heures, avant de les transférer vers une autre miniparcelle. Au bout de 35 à 40 jours, les animaux ont fait le tour de chacune des miniparcelles et sont revenus à la première dont la végétation a eu le temps de repousser.

Les animaux ne doivent jamais avoir d'accès direct à un cours d'eau ou à un lac.

Les pâturages ainsi gérés sont très «étanches», retiennent sols et matières organiques et ne risquent pas de devenir une source de contaminants pour les cours d'eau.

Il ne reste qu'à s'assurer que les animaux n'aient pas accès directement au cours d'eau pour s'abreuver et l'affaire est réglée!

Gérer adéquatement les champs

Respecter la capacité de réception des sols

Les risques de contamination de l'eau par les éléments nutritifs provenant des parcelles cultivées peuvent ainsi être minimisés. Cela se fait en développant et en appliquant des plans de fertilisation des sols et des cultures qui respectent la capacité de réception des sols. Le développement de tels plans est maintenant entré dans les mœurs agricoles. On les appelle *Plan agroenvironnemental de fertilisation* ou PAEF. À l'heure actuelle, à peu près tous les agriculteurs font une mise à jour annuelle de leurs plans. Celui-ci tient compte de l'évolution de la richesse de leurs sols, de leurs rendements, de leur rotation de cultures et des variations dans les quantités et la qualité des fumiers produits.

Le respect de ces plans a forcé la redistribution des fumiers et lisiers sur des surfaces plus grandes. Ainsi, les entreprises en production animale qui avaient trop d'animaux, et donc trop de fumiers par rapport à leurs superficies cultivées, se sont vues forcées d'exporter leurs fumiers vers des régions et des entreprises qui en manquaient.

Les entreprises qui avaient suffisamment de terres pour recevoir leurs fumiers, mais qui avaient tendance à concentrer ces fumiers sur une faible proportion des terres disponibles, se sont vues forcées de les appliquer de façon plus uniforme sur une plus grande partie des superficies disponibles.

La capacité de réception des sols a servi de base pour établir la liste des entreprises, des municipalités et même des régions qui étaient en surplus de fumiers. Le développement des productions animales est donc tributaire des superficies d'épandage disponibles déterminées d'après la capacité de réception des sols.

Dans le contexte actuel où l'agriculture n'échappe pas à la course à l'augmentation des rendements et de la productivité, les PAEF et leur application se trouvent sur la ligne qui sépare le «trop» d'éléments nutritifs, et l'accroissement du risque de contamination de l'eau, du «pas assez» d'éléments nutritifs et des pertes de rendements et de qualité des cultures. Pour reprendre l'analogie où le sol est comparé à une éponge, c'est un peu comme si on cherchait à s'approcher du point où l'éponge est humide sans pour autant se rendre au point où elle est saturée et commence à égoutter.

La fertilisation des sols doit se faire en tenant compte de la capacité de réception des sols.

Pour atteindre cet équilibre, le PAEF indique, en plus des quantités de fumiers et autres matières fertilisantes à utiliser, le meilleur moment pour les appliquer et les délais d'incorporation au sol que l'agriculteur doit respecter.

Utiliser des stratégies de contrôle de l'érosion

Les stratégies de contrôle de l'érosion des sols s'articulent autour de l'atteinte de trois objectifs dont la finalité est de faire en sorte que le sol reste dans la parcelle plutôt que d'aboutir dans les cours d'eau.

OBJECTIF Nº 1 : **Augmentation de la perméabilité du sol**

Pour comprendre l'importance de ce but, il faut imaginer deux surfaces rectangulaires situées côte à côte. La première est en béton, la deuxième en gravier, et chacune a une pente de 3%. Lorsque survient une bonne pluie, l'eau va ruisseler sur la surface bétonnée et la vélocité de l'eau ne dépend alors que de la quantité de pluie. Ce qui est certain c'est que toute la pluie va terminer sa course dans la partie la plus basse de la parcelle et entraîner avec elle tout ce qui se trouve sur son passage.

La même pluie qui tombe sur la surface en gravier va s'infiltrer rapidement dans le sol et à peu près pas une goutte ne va atteindre la partie la plus basse. L'eau ne ruisselle pas, elle

En laissant les résidus de cultures à la surface du sol, on accroît sa stabilité.

s'infiltre et n'a aucune possibilité d'entraîner des particules de sol et des éléments nutritifs vers la partie basse de la parcelle.

Si on met ces deux parcelles sur une échelle de ruissellement de l'eau, la première est à l'extrême maximale : le ruissellement est total. La deuxième est à l'extrême minimale : le ruissellement est inexistant.

Le sol cultivé se situe entre ces deux extrêmes. Une bonne partie de sa gestion devrait l'emmener à être perméable et à favoriser l'infiltration de l'eau.

Plusieurs interventions permettent d'atteindre ces buts :
- l'amélioration de la structure du sol par l'apport de matière organique, le chaulage, la rotation des cultures et le travail du sol en bonnes conditions d'humidité ;
- l'amélioration de l'infiltration par l'égouttement des dépressions du terrain et par le drainage souterrain ;
- l'accroissement de la stabilité de la surface du sol par l'utilisation d'une plus grande couverture en laissant les résidus de cultures à sa surface et par l'utilisation de cultures de couverture en fin de saison.

OBJECTIF N° 2 : **Contrôle des déplacements de l'eau de surface**

Puisqu'il est impossible que toute l'eau de pluie s'infiltre rapidement dans le sol, il faut prévoir des façons de contrôler et de diriger l'eau, qui va nécessairement ruisseler, à la surface en suivant la pente naturelle du terrain.

Plusieurs interventions facilitent le contrôle des déplacements des eaux de surface. Il est donc conseillé de :
- reconfigurer la surface du sol pour que l'eau se dirige vers des endroits aménagés pour la ralentir, l'intercepter et l'évacuer sans entraîner les particules de sol. Par exemple, le terrain peut être retravaillé pour diriger l'eau de surface vers une voie d'eau engazonnée ponctuée d'avaloirs à

La mise en place d'une voie d'eau gazonnée permet d'intercepter, de diriger et de faire percoler les eaux de ruissellement.

intervalles réguliers. Ces avaloirs sont en réalité des bouches d'égouts connectés à des tuyaux souterrains qui aboutissent dans un fossé ;

- accroître la rugosité de la surface. Cela s'obtient en réduisant le travail du sol, ce qui laisse plus de résidus à la surface, rendant celle-ci plus rugueuse ;
- semer en contre-pente de telle sorte que les rangs de la culture s'opposent, comme autant de petits obstacles, au ruissellement de l'eau.

OBJECTIF N° 3 : **Protection des zones sensibles**

Les zones sensibles sont les endroits où le sol est très susceptible d'être arraché et entraîné dans les cours d'eau. Il en existe plusieurs :

- intersection de deux fossés et d'un cours d'eau ;
- sorties de drains ;
- berges des fossés et des cours d'eau.

Il s'agit en général de tous les endroits où l'eau coule librement ainsi que des zones où l'eau, arrivant de différents territoires, converge (zone de confluence).

Plusieurs interventions contribuent à protéger les zones sensibles :

- l'implantation d'une bande riveraine avec une membrane géotextile aux zones de confluence ;

L'implantation d'une bande riveraine avec une membrane géotextile aux zones de confluence contribue à protéger les zones sensibles.

*Plus elles sont végétalisées,
plus les bandes riveraines
sont efficaces.*

- l'installation et l'entretien de bandes riveraines permanentes;
- l'aménagement des pentes des fossés suffisamment douces pour minimiser les risques d'effondrement de la berge;
- le retrait des animaux des cours d'eau afin d'empêcher le piétinement et la destruction des zones sensibles.

Minimiser les risques reliés à l'épandage en conditions météorologiques adverses

Les agriculteurs qui mettent en application les interventions pour minimiser les fuites décrites précédemment épandent judicieusement les éléments nutritifs sur leur sol. Ils créent aussi dans chacune de leurs parcelles des situations qui permettent de minimiser le risque d'érosion et de diriger l'eau de surface.

Cependant, on a beau tout mettre en pratique, il faut quand même vivre avec cet impondérable que sont les conditions météorologiques.

Lorsque survient une forte pluie ou encore une période pluvieuse, tous les savants aménagements sont mis à l'épreuve sous la pression de l'eau qui suit sa course du haut vers le bas.

On peut imaginer une situation où l'épandage du lisier a eu lieu un lundi après-midi, et que le mardi matin, avant qu'on ait pu incorporer ce lisier, survient une forte pluie. Au début l'eau va commencer par s'infiltrer dans le sol. Si la pluie continue, l'eau va commencer à ruisseler à la surface, entraînant avec elle une partie du lisier fraîchement épandu. Grâce aux aménagements effectués dans la parcelle, l'eau va se diriger vers une voie d'eau engazonnée ou vers un avaloir où la conduite d'eau va l'amener directement dans… le fossé (à moins que ce ne soit vers un marais filtrant).

Même s'il est impossible de toujours faire coïncider considérations pratiques et temps sec, il est possible de gérer adéquatement le risque associé aux conditions météorologiques adverses. Voici quelques suggestions :

- favoriser l'épandage des fumiers solides et liquides au printemps et en été plutôt qu'en automne ;

- incorporer les fumiers dans les 24 heures suivant l'épandage. Le fumier intégré au sol est à l'abri des eaux de ruissellement en surface ;

- s'assurer que, plus on prévoit de longs délais entre l'épandage et l'incorporation, plus la distance qui sépare les surfaces d'épandage des points de sortie des eaux de surface est élevée ;

- déterminer que, plus les moments d'épandage se rapprochent de la fin de la saison de croissance et de l'automne, plus la distance qui sépare les surfaces d'épandage des points de sortie des eaux de surface est importante.

Les deux dernières suggestions font en sorte que l'épandage de lisier non incorporé à la fin de l'été devrait être réservé à des parcelles qui n'ont pas d'accès direct à un cours d'eau et dans lesquelles les eaux de surface sont évacuées dans une bande riveraine filtrante ou même dans un boisé. On pourrait appeler ces parcelles les «parcelles de secours pour conditions adverses».

En intégrant le fumier au sol, on évite son ruissellement en surface.

Il faut pratiquer l'épandage des lisiers en été.

Ce n'est pas le type de ferme qui pose problème, mais bien l'attention que l'agriculteur porte à l'environnement.

Les effets du type de ferme sur le risque et sur la mise en place des solutions

Il y a une question qui revient souvent dans les discussions et les réflexions sur le développement de l'agriculture québécoise et le risque environnemental: «*Existe-t-il des types de fermes ou des grosseurs de fermes qui sont plus susceptibles de poser un risque pour l'environnement?*»

Par exemple, lequel des types de fermes suivantes présente plus de risque du point de vue de la qualité de l'eau:

- la ferme porcine?
- la ferme laitière?
- la ferme de grandes cultures?
- la ferme horticole?

Personnellement, je pense que cette question conduit vers un débat stérile et peu productif. Les choix de type de production ont été faits par les agriculteurs et acceptés par le reste de la société voilà bien longtemps. Une question plus productive est: «*Qu'est-ce qui doit être modifié à l'écosystème agricole avec lequel je travaille pour minimiser le risque de la contamination de l'eau?*» L'ensemble du texte précédent fournit déjà de nombreuses réponses.

La question qui en découle est: «*Qu'est-ce que ça prend pour que les agriculteurs adoptent ces bonnes pratiques?*» La réponse: la réglementation et les incitatifs financiers.

Les incitatifs réglementaires et économiques

Il est utile de rappeler que la plupart des agriculteurs ont à cœur la qualité de l'environnement, et que parmi les nombreux objectifs que visent les entreprises agricoles, se trouvent aussi des objectifs de qualité environnementale.

Il existe peu de domaines d'activités qui dépendent autant de la «nature», c'est-à-dire des sols, de l'eau, des plantes et du climat, que l'agriculture. L'agriculture a ceci de particulier, c'est qu'elle se pratique par un grand nombre de personnes réparties sur un vaste territoire.

Pour amener les entreprises agricoles à viser et atteindre des objectifs de qualité environnementale tout en améliorant leur productivité, le Québec s'est doté de toute une «mécanique» qui favorise l'adoption de bonnes pratiques agricoles.

Cette «mécanique» comprend un règlement, des incitatifs économiques et des spécialistes pour accompagner les agriculteurs dans leur démarche.

L'aspect réglementaire

Le Québec s'est doté d'un règlement assez costaud en 1997. Ce règlement a été modifié plusieurs fois au cours des dernières années. Sa version définitive, le *Règlement sur les exploitations agricoles* ou REA, se trouve sur le site Internet du ministère du Développement durable, de l'Environnement et des Parcs du Québec (MDDEP).

Le REA donne les limites du cadre à l'intérieur duquel doit se développer l'agriculture, identifie les contraintes environnementales à respecter autant pour la construction de bâtiments et de structure d'entreposage que pour l'aménagement d'amas de fumier au champ et pour l'application des matières fertilisantes (fumiers, engrais minéraux, etc.).

Les règlements mis de l'avant depuis quelques années ont permis d'améliorer le bilan environnemental agricole québécois.

Le REA oblige les agriculteurs à produire et à maintenir à jour leur PAEF et identifie un document, le *Bilan de phosphore*, qui doit être soumis au moins une fois au MDDEP, et que l'agriculteur doit avoir en sa possession.

LE BILAN DE PHOSPHORE

Ce document, propre à chaque entreprise, décrit le cheptel, le fumier produit, le phosphore généré et les surfaces pour le recevoir. Le maximum de phosphore qui peut être épandu est aussi identifié en fonction des analyses de sol, des cultures et des rendements. Ces maximums servent à identifier les entreprises qui ont trop de fumier par rapport à leur surface d'épandage. Le MDDEP a une copie de ce document.

Le REA a été un des premiers règlements importants à voir le jour en Amérique du Nord avec des visées essentiellement environnementales. Ce règlement possède de grandes qualités. Il est très sévère, mais a donné aux agriculteurs des échéanciers raisonnables pour modifier leurs pratiques et dans le cas des fermes aux prises avec un surplus de fumier, pour trouver suffisamment de surface d'épandage.

La structure du REA est telle qu'il peut (doit) être révisé et modifié régulièrement pour tenir compte de nouvelles informations et de l'évolution de la situation sur le terrain. À titre d'exemple, après le moratoire sur la production porcine et les commentaires du BAPE sur ce même sujet, le REA a été modifié pour encadrer davantage cette production.

Chaque année les fermes doivent désormais faire leur «Bilan phosphore».

L'application du règlement – la carotte et le bâton

Aussi intéressant que puisse être un règlement, il ne sert pas à grand-chose s'il n'est pas appliqué et respecté.

Le MDDEP s'est doté d'une approche d'accompagnement graduelle, qui est l'aspect «bâton» de l'application du règlement. Cette approche a commencé de façon amicale par des visites ferme par ferme. Elles ont permis d'identifier les problèmes et d'envoyer un message clair au monde agricole: respecter le règlement. Ces visites ont eu lieu entre 2003 et 2007 sur l'ensemble du territoire agricole.

La phase suivante monte la pression d'un cran et exige des entreprises encore en défaut de se conformer dans un délai rapide. De nombreux agriculteurs ont reçu au cours des 12 derniers mois un «avis d'infraction» où est expliquée la situation problématique et où est identifiée une date limite pour la corriger. La prochaine étape sera probablement encore plus agressive envers les entreprises prises en défaut.

Ces visites sont importantes et ont certes beaucoup d'impact, mais le gouvernement possède un autre atout de taille pour amener les agriculteurs à respecter le REA. Cette fois c'est « la carotte ».

Depuis 2006, l'obtention de certaines subventions est liée à la conformité réglementaire. Il s'agit du début de l'écoconditionnalité. Pour obtenir certaines subventions, les entreprises doivent prouver qu'elles sont conformes aux REA. Pour l'instant, cette preuve consiste à présenter le *Bilan de phosphore* de la ferme. Comme une proportion des revenus agricoles provient des subventions, c'est « par la bande » que le gouvernement touche les cordes sensibles des entreprises agricoles les obligeant ainsi à atteindre la conformité réglementaire. Cette approche est extrêmement efficace.

Au Québec, il existe donc un règlement sévère et un mécanisme pour le faire appliquer et dont l'effet ultime est le contrôle de la gestion des éléments nutritifs de la production jusqu'à la disposition. Malgré toutes les forces de ce règlement, il possède une grande faiblesse quant à ses visées ambitieuses sur l'amélioration de la qualité des eaux de surface : il ne traite pas directement de l'érosion des sols.

Les inspections se multiplient afin que la réglementation soit appliquée adéquatement.

Considérant l'importance du phénomène, de plus en plus d'intervenants s'y intéressent et, grâce à eux, les agriculteurs peuvent recevoir un coup de pouce.

Les incitatifs économiques pour le contrôle de l'érosion des sols

Pour l'instant, le contrôle de l'érosion est le résultat d'initiatives individuelles prises par des agriculteurs ou par des conseillers avant-gardistes.

La recherche sur l'érosion des sols est en plein essor. L'IRDA y consacre des efforts importants qu'il fait en collaboration étroite avec des groupes d'agriculteurs. Le MAPAQ offre de l'aide financière et technique pour l'analyse et l'implantation de stratégies de contrôle d'érosion à la ferme. Pour obtenir de l'aide, l'agriculteur doit d'abord démontrer la conformité réglementaire de son entreprise et élaborer une démarche agroenvironnementale complète.

En se regroupant à l'intérieur de groupes d'agriculteurs, appelés «clubs agroenvironnementaux», les agriculteurs peuvent obtenir des services agricoles de bonne qualité et en partie subventionnés, fournis par des agronomes et des techniciens compétents. Les professionnels de ces regroupements s'intéressent de plus en plus à l'érosion des sols.

L'Ordre des Agronomes du Québec (OAQ) fournit aussi à ses membres qui produisent des PAEF et qui œuvrent en agroenvironnement une liste de directives qui les incitent à aller au-delà du REA dans le suivi qu'ils offrent à leurs clients.

Enfin, le MAPAQ et l'IRDA élaborent actuellement un index du phosphore qui ira bien au-delà de la capacité de réception des sols, et qui tiendra compte des risques d'érosion et de la dynamique de l'eau de surface. Une fois mis en place et testé, il y a fort à parier que cet index apparaîtra dans le règlement.

On aurait alors bouclé la boucle.

Conséquences de l'érosion sur les terres agricoles.

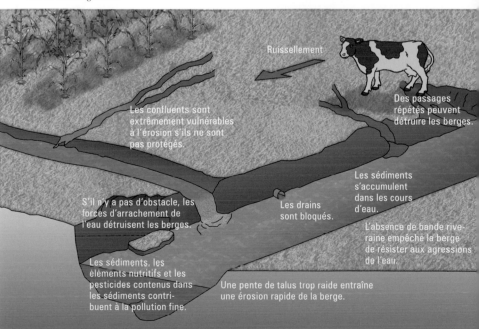

Ruissellement

Des passages répétés peuvent détruire les berges.

Les confluents sont extrêmement vulnérables à l'érosion s'ils ne sont pas protégés.

Les sédiments s'accumulent dans les cours d'eau.

S'il n'y a pas d'obstacle, les forces d'arrachement de l'eau détruisent les berges.

Les drains sont bloqués.

L'absence de bande riveraine empêche la berge de résister aux agressions de l'eau.

Les sédiments, les éléments nutritifs et les pesticides contenus dans les sédiments contribuent à la pollution fine.

Une pente de talus trop raide entraîne une érosion rapide de la berge.

*Dans ce bassin-versant typique,
on peut apercevoir une coupe totale
sur le flanc de la colline.*

Les forêts, leur aménagement et les algues bleues

François LEGARÉ

L'INTERDICTION DES COUPES et la conservation des forêts sont des approches auxquelles les riverains des lacs songent de plus en plus pour contrer la prolifération des algues bleues. L'opinion que les coupes forestières peuvent être à l'origine des proliférations de fleurs d'eau est renforcée par les éclosions récentes dans des lacs qui avaient auparavant été épargnés.

Pour savoir si ces craintes sont fondées, il est important de bien comprendre les relations entre les forêts et la qualité de l'eau. Plus spécifiquement, il est nécessaire de s'arrêter aux effets des bassins-versants boisés (on exclut ici les bandes riveraines immédiates des lacs puisqu'elles sont traitées dans le chapitre *Contrôler le ruissellement autour des résidences*). Les effets des coupes forestières et les manières de réduire leurs impacts sur l'eau sont aussi abordés.

Les forêts et la qualité de l'eau

C'est indéniable, les forêts agissent comme de formidables filtres qui permettent de conserver ou de rendre à l'eau sa pureté.

Comme des milliers de bandes riveraines

Il est facile de faire la relation entre les bandes riveraines et leurs effets bénéfiques parce qu'elles sont situées directement le long des lacs et des cours d'eau. Pour bien comprendre l'importance des boisés dans les bassins-versants, on peut les comparer à une multitude de bandes riveraines placées côte à côte.

Le flanc boisé de la colline ajoute son effet de protection à celui de la bande riveraine.

Comme dans les bandes riveraines, les processus des bassins-versants qui agissent sur la qualité de l'eau demeurent cependant modestes. Dans certains cas, ils suffisent à peine à contenir les impacts des modifications survenant naturellement dans les écosystèmes non perturbés. Par conséquent, leurs effets bénéfiques sont étroitement associés à la proportion et à la localisation des superficies boisées.

Conserver une attitude prudente

La prudence demeure toujours de mise dans l'estimation du potentiel des actions sur les bassins-versants boisés et les bandes riveraines pour la prévention des cyanobactéries. Dans cette lutte, on cherche à contrebalancer les effets de la présence et des activités humaines dans les lacs et grands cours d'eau localisés à « la fin » des bassins-versants. Puisque le génie végétal n'implique pas de constructions ou de systèmes sophistiqués où les paramètres sont contrôlables, comme en génie civil, il faut s'attendre à des effets diffus et de faible amplitude. Ceux-ci nécessitent des quantités de végétaux et des surfaces importantes. Si les impacts environnementaux négatifs à contrecarrer prennent naissance près des lacs, la forêt de la partie haute du bassin-versant ne pourra pas les atténuer.

MIEUX DÉFINIR LES EFFETS RÉELS DES FORÊTS

Les problématiques récentes concernant l'eau potable amènent les scientifiques à mieux définir les effets réels des forêts. Aujourd'hui, on reconnaît que le reboisement ou la présence des forêts n'augmentent pas toujours systématiquement la quantité d'eau produite dans un bassin-versant donné. Lorsqu'il survient, ce phénomène se constate surtout dans les massifs montagneux importants et de haute altitude, là où la végétation peut agir comme intercepteur de l'humidité de l'air par condensation.

Les arbres peuvent même constituer une compétition pour la disponibilité d'eau en raison des prélèvements importants qu'ils font dans le sol pour leurs propres besoins. Dans les régions tropicales où l'eau est plus rare, les paysans se révoltent parfois contre certaines pratiques de conservation des forêts parce qu'ils attribuent la rareté de l'eau d'irrigation de leurs cultures aux effets des arbres.

L'eau des forêts est de bonne qualité

Dans ce bassin-versant, les forêts et les milieux humides ont été préservés à l'état naturel.

C'est dans les rivières et les lacs qui bordent le milieu forestier qu'on constate la meilleure qualité de l'eau. Les forestiers reconnaissent depuis longtemps que la production d'une eau de grande qualité est un des nombreux bénéfices de la forêt. Le phénomène est d'ailleurs assez prévisible et fiable pour que l'on réserve des forêts pour cette seule fonction.

Dans les faits, plus du tiers des 100 plus grandes villes du monde obtiennent directement la majeure partie de leur alimentation en eau potable à partir d'importants bassins-versants préservés à l'état naturel (assemblage de forêts, de landes et des milieux humides connexes).

Des « usines » de filtration d'eau potable

Les expériences démontrent que, dans le contexte écologique nord-américain, plus la proportion boisée du bassin-versant est grande, meilleure est la qualité de l'eau. On considère que lorsqu'au moins 70 % de la superficie du bassin-versant est boisée, que des bandes riveraines adéquates sont conservées et qu'il n'y a pas de sources de pollution, l'eau qui parvient aux rivières et aux lacs peut être puisée et acheminée aux consommateurs avec un minimum de traitements de filtration. La contribution des milieux naturels se mesure donc en argent sonnant.

La mosaïque formée par les forêts et les milieux humides crée des habitats de grande qualité pour la faune, comme pour ce héron.

La forêt est une société complexe formée de grands arbres qui côtoient des arbres intermédiaires et des plantes plus petites qui assureront la régénération.

DES SOURCES D'APPROVISIONNEMENT EN EAU DE QUALITÉ

Plusieurs grandes métropoles utilisent la forêt comme source d'approvisionnement en eau de qualité. Par exemple, New York compte sur la protection de 1 000 km² de paysages naturels couvrant les bassins-versants de trois rivières dans Catskill Park pour fournir un approvisionnement quotidien de 6 000 millions de litres (1 300 millions de gallons) d'eau, soit 90 % de sa consommation.

La ville de Singapour protège 28 km² d'habitats naturels pour la faune et la flore de la région du Bukit Timah. La conservation des milieux principalement forestiers vise aussi à garantir l'approvisionnement quotidien de 680 millions de litres (150 millions de gallons) d'eau, soit 50 % de la consommation de la ville.

Les forêts, des milieux complexes

La forêt est une « société » complexe formée de plusieurs sortes de plantes. Pour que le milieu forestier joue tous les rôles naturels qu'on attend de lui, la présence de tous les étages de végétation est nécessaire. Le sol et les milieux humides sont aussi des acteurs importants dans les fonctions des bassins-versants.

La forêt : une « société » complexe

Les grands arbres matures ne représentent qu'un des étages (ou strates) de la végétation forestière. Les vétérans de la forêt sont généralement entourés d'arbres de dimensions intermédiaires, en attente d'une ouverture pour accéder au sommet de la voûte située entre 20 et 30 mètres (65 à 100') au-dessus du sol.

Plus bas, on trouve la régénération de jeunes arbres qui partagent l'espace avec les arbustes, les plantes herbacées, les fougères, les mousses, etc. Les végétaux, grands et petits, se développent, se côtoient, se dominent ou s'éliminent selon des règles « sociales » bien déterminées. Les spécialistes peuvent d'ailleurs évaluer l'état et l'avenir de la communauté végétale occupant un site donné par l'analyse des populations des diverses plantes qui s'y trouvent.

Les plantes de tous les étages jouent des rôles importants dans l'écosystème forestier.

Des plantes utiles à tous les étages de végétation

Les multiples rôles environnementaux du milieu forestier nécessitent la présence de toutes les strates végétales, même les plus petites. Les grands arbres à la cime large et au port majestueux sont devenus pour plusieurs une référence en ce qui concerne la qualité de l'environnement. De tels arbres représentent l'aboutissement «esthétique» de ce qu'il est désirable de voir dans les parcs urbains, sur les parterres des résidences et sur ceux des chalets.

Sans diminuer l'importance de conserver les grands arbres ou de remplacer ceux perdus, il est important de comprendre que la forêt, c'est beaucoup plus, notamment des plantes petites et souvent sans intérêt ornemental.

Au Québec, la forêt peut occuper naturellement le territoire

En raison du foisonnement de vie végétale, toute la partie méridionale du Québec pourrait être recouverte par la forêt, sauf aux endroits où le roc affleure ainsi que là où il y a trop d'eau. Les températures, la durée des périodes sans gel et les quantités de précipitation expliquent la bonne diversité de végétaux présents au Québec. C'est ce qui explique aussi la vitesse avec laquelle les friches se développent sur les terres agricoles abandonnées de même que sur les pelouses non entretenues. Rapidement, la nouvelle végétation qui s'installe va évoluer et conduira à une communauté végétale formée d'espèces bien adaptées aux particularités du site.

Le sol est le milieu de vie des racines

Les bénéfices environnementaux découlant de la présence des diverses strates de végétation forestière sont très importants. Toutefois, ils ne doivent pas nous faire oublier ceux associés à une autre composante importante de ces écosystèmes: le sol.

Le sol n'est pas qu'un simple mélange de particules de sable, de limon et d'argile. Dans une forêt, c'est l'habitat d'une faune et d'une flore spécialisées dont la variété et l'abondance sont insoupçonnées. Des algues primitives jusqu'aux petits mammifères fouisseurs, le sol est l'habitat exclusif de

Le sol et les racines jouent des rôles de premiers plans dans une forêt.

nombreux champignons, vers de terre, insectes, araignées, etc. Chacun y a sa niche écologique et contribue au développement et au maintien des qualités du sol pour le développement des plantes. Le sol est aussi le siège des processus chimiques de décomposition et de recyclage de la matière organique en humus.

Des racines très près de la surface du sol

Contrairement à la croyance populaire, les arbres et arbustes ne cherchent pas à s'enraciner profondément. Sous notre climat, et plus particulièrement en raison de la quantité annuelle de précipitations, l'activité biologique est restreinte à peu près au premier mètre (3') sous la surface du sol.

Ces restes d'arbres témoignent de la présence d'une ancienne forêt dont les arbres ont été tués par l'inondation du sol causée par la construction d'un barrage de castors.

En effet, le principal facteur qui limite la vie des organismes dans le sol, incluant les racines des végétaux, demeure la présence d'une quantité suffisante d'oxygène. Alors que les plus grands arbres déploient leurs branches jusqu'à une trentaine de mètres de hauteur, la majeure partie de leur système radiculaire dépasse rarement un mètre dans le sol. Bien qu'il soit peu profond, le système radiculaire des végétaux, plus particulièrement celui des arbres, est très étendu latéralement.

Des plantes aquatiques, ainsi que des arbustes et des plantes herbacées adaptés aux sols détrempés, colonisent les rives de ce cours d'eau.

Une végétation adaptée aux sols détrempés

Les bandes riveraines sont l'habitat naturel de plantes qui ne poussent généralement pas ailleurs dans la forêt. La nappe phréatique en surface pour une portion importante de l'année crée des conditions de développement difficiles. Les plantes qui réussissent à s'y développer présentent des adaptations physiologiques particulières. Celles-ci leur permettent de tolérer les effets asphyxiants de l'excès d'eau dans le sol. Les difficultés propres à ces sites font que les plantes de milieux humides de notre flore indigène demeurent généralement les mieux adaptées aux bandes riveraines.

Les milieux humides : une continuité de la forêt

Les zones humides plus ou moins dénudées de couverture boisée (marécages, marais, tourbières, etc.) sont dispersées un peu partout et se fondent dans le milieu forestier. Selon les régions, le relief et la nature des sols conditionnent leurs dimensions et leur abondance.

Si le rôle du sol dans l'écosystème forestier est souvent oublié, il en va de même des milieux humides. Peu importe leur forme et leur nombre, lorsqu'on considère l'importance des forêts pour la production d'une eau de qualité, on englobe aussi les milieux humides qui y sont disséminés.

Les forêts et les algues bleues

Les forêts obtiennent la majeure partie du phosphore dont elles ont besoin par recyclage naturel. De plus, tous les types de forêts, vieilles ou en régénération, contribuent à garder les sols frais. Les forêts n'ont finalement que des effets modestes sur la température de l'eau et la quantité de phosphore, deux facteurs associés à la prolifération des algues bleues.

Ce marécage boisé est un bon exemple de la continuité qui existe entre la forêt et les milieux humides.

Les forêts et les algues bleues : une relation qui n'est pas bien connue

Les relations entre les forêts d'un bassin-versant et les algues bleues ne sont pas documentées. Elles n'ont pas encore fait l'objet de recherches scientifiques.

Au Québec, les principaux éléments qui limitent l'éclosion d'algues bleues dans l'eau sont la disponibilité de phosphore et la température. Il est donc possible de juger des effets potentiels des forêts sur les risques d'éclosion en passant en revue leurs effets connus sur ces deux facteurs. Les forêts étant réputées pour leurs effets bénéfiques sur la qualité générale de l'eau, il faut se demander comment elles peuvent contribuer indirectement à réduire les cyanobactéries.

Les forêts n'absorbent le phosphore qu'en petite quantité

On considère généralement que la nutrition des forêts naturelles se fait largement en «circuit fermé».

Avec l'azote (symbole chimique N) et le potassium (K), le phosphore (P) est l'un des nutriments majeurs pour la croissance végétale. Parmi les trois, c'est cependant celui requis en plus petite quantité par les arbres et arbustes des forêts. Il est nécessaire pour le bon fonctionnement du métabolisme et on l'associe traditionnellement au succès de l'enracinement. Une fois absorbée, une partie se fixe aux tissus ligneux permanents et s'y trouve immobilisée. Une autre partie, logée dans le feuillage, les petites branches et les petites racines, retourne au sol. C'est la décomposition de ces restes végétaux et leur rétention dans l'humus qui fournit le principal des besoins annuels en phosphore. Le reste provient de la dissolution naturelle de certains minéraux, des fertilisants ou des eaux usées.

LA NUTRITION MINÉRALE DES VÉGÉTAUX FORESTIERS IMPLIQUE UN RECYCLAGE IMPORTANT

Sous le climat du Québec, la succession des saisons conditionne d'importants cycles annuels d'échange de substances entre le sol et les plantes. Cette particularité s'applique aussi bien aux espèces feuillues qu'aux conifères. Dans le cas du phosphore, une quantité est absorbée durant la saison de végétation par l'ensemble des arbres (de l'ordre de 5 à 6 kg par hectare chaque année [10 à 12 lb/100 000 pi²/an]). À la fin de la saison de croissance, près de 4 kg par hectare (8 lb/100 000 pi²/an) sont retournés au sol. Le tout fait partie d'un processus de recyclage qui utilise la chute des feuilles (ou d'une partie des aiguilles). Cela se fait aussi par diverses exsudations de l'écorce et par la mortalité d'importantes quantités de minuscules racines dans le sol. De fait, on considère généralement que la nutrition des forêts naturelles se fait largement en « circuit fermé ».

Plus d'éléments nutritifs ne signifient pas plus d'absorption

Les jeunes forêts prélèvent plus de phosphore dans le sol que les forêts matures.

La croissance des végétaux n'est généralement pas augmentée significativement du fait d'une meilleure disponibilité d'un nutriment donné, à moins qu'il ne soit réellement déficient. Par conséquent, la capacité à soustraire du sol une quantité supplémentaire d'un nutriment et à le fixer dans les tissus demeure relativement réduite. Cette situation s'applique au cas du phosphore qui n'est pas requis en grande quantité par les végétaux ligneux. De plus, le phosphore est rarement déficient dans les sols du Québec sans compter qu'une fraction importante provient du recyclage.

À titre de comparaison, les exigences en phosphore des forêts naturelles sont de 10 à 20 fois moindres que celles des cultures agricoles. Cela est principalement dû au fait que la récolte annuelle des produits agricoles empêche le retour au sol d'une partie importante des éléments nutritifs. Il est intéressant de noter cependant que durant la vie d'un peuplement forestier, les phases juvéniles de croissance rapide se traduisent par un prélèvement plus important de l'ensemble des nutriments. Ce pouvoir de fixation diminue graduellement avec la maturation.

LA FORÊT SE CONSTRUIT PRINCIPALEMENT À PARTIR DE L'AIR

Dans le cours de leur croissance, les végétaux se construisent littéralement à partir du gaz carbonique de l'air (CO_2). Le phénomène de la photosynthèse permet de créer des molécules de sucre à partir de réactions chimiques complexes entre l'eau et le gaz carbonique sous l'effet de l'énergie du rayonnement solaire. Toute une série d'autres composés chimiques, dont ceux que l'on appelle les nutriments majeurs (NPK) sont absolument nécessaires. Leur utilisation dans le métabolisme de construction de la plante se fait cependant dans des proportions beaucoup plus faibles que celles du carbone (C).

Toutes les forêts contribuent à garder le sol frais

La température dépend directement du rayonnement solaire qui parvient jusqu'au sol. En forêt, toutes les caractéristiques du couvert qui sont susceptibles de conditionner la quantité de lumière qui peut le traverser (type de feuillage, densité d'arbres, hauteur, étagement des strates, etc.) influencent la température ambiante du milieu. Plus les arbres sont hauts et plus les strates végétales intermédiaires sont nombreuses, plus l'air du sous-bois est frais à comparer à celui au-dessus de la tête des arbres ou dans une clairière.

La température du sol proprement dit demeure cependant peu affectée dans la mesure où celui-ci n'est pas mis à nu et directement exposé au soleil. La vitesse avec laquelle la régénération se développe après une coupe, lorsque le sol n'est pas perturbé, élimine en pratique tout effet de réchauffement. La principale différence entre une forêt mature et une jeune forêt se ressent dans la température perçue au niveau du sous-bois où l'on marche. Au niveau du sol, la situation demeure comparable.

Dans ce sous-bois ombragé, le sol est presque entièrement caché et gardé à l'abri du soleil par la végétation.

La forêt a peu d'effets directs sur les algues bleues

La forêt de la portion du bassin versant qui ne voisine pas avec les cours d'eau ne possède finalement que des effets modestes sur les deux facteurs les plus directement associés aux algues bleues, soit la température de l'eau et la quantité de phosphore.

Par contre, l'écosystème sol – forêt réalise indirectement une multitude de fonctions dont la combinaison finit par avoir un effet significatif sur la diminution des risques de développement des cyanobactéries.

Les forêts et le cycle de l'eau

Par leurs diverses actions dans le cycle naturel de l'eau, les forêts ont des effets significatifs sur sa qualité. Elles gardent l'eau des ruisseaux fraîche et diminuent la vitesse de la fonte de la neige grâce à l'ombre des arbres. En interceptant la pluie, les arbres réduisent l'érosion et ils favorisent l'évaporation.

Quant aux sols, ils font office de réservoir temporaire et régularisent la circulation d'eau alors que les racines stabilisent le sol.

L'eau des ruisseaux est fraîche grâce à l'ombre

La végétation forestière a un effet significatif sur la température de l'eau libre des cours d'eau étroits ou des petits plans d'eau. C'est particulièrement le cas quand une partie importante de la surface est cachée par la cime des arbres en été. Préservée de la chaleur du soleil par les peuplements forestiers, l'eau y repose ou y circule. Elle parvient alors aux lacs avec une fraîcheur maximale.

On sait que la multitude des petits cours d'eau à l'abri du couvert forme jusqu'à 85 % du réseau hydrographique en forêt. L'ombre apportée par les arbres est donc d'un effet important pour minimiser les risques de réchauffement conduisant aux épisodes d'éclosion d'algues bleues.

Ce petit ruisseau est gardé au frais par l'ombre des grands arbres voisins.

La forêt ralentit la fonte de la neige

La présence d'un couvert d'arbres bien développé, plus particulièrement de résineux, contribue à ombrager le couvert de neige au sol. Au printemps, en ralentissant la vitesse de fonte, les forêts contribuent significativement à régulariser les débits et à diminuer l'importance des crues et leurs effets d'érosion dommageables.

Les arbres réduisent l'érosion en interceptant la pluie

La végétation forestière intercepte une portion importante de l'eau de pluie avant que celle-ci n'atteigne le sol. Cette proportion est de 15 à 25 % dans les peuplements feuillus, et monte jusqu'à 60 % dans les jeunes peuplements résineux denses. Ce faisant, la végétation forestière minimise le ruissellement.

La fermeture du couvert créée par la dense végétation permet aux arbres d'intercepter une proportion importante de l'eau de pluie et de protéger le sol de l'érosion.

Une partie de l'eau interceptée par la végétation demeure accrochée à celle-ci puis est évaporée directement dans l'atmosphère. Elle ne se rend jamais jusqu'au sol. L'interception de la pluie permet aussi à l'eau d'atteindre le sol en douceur, notamment par ruissellement le long des troncs. Ce phénomène minimise la formation d'une croûte superficielle compacte propice à un écoulement superficiel rapide et à l'érosion.

Les végétaux évaporent beaucoup d'eau

De l'eau qui atteint finalement le sol, une partie significative est absorbée en saison par la végétation dans le cadre des processus vitaux liés à la croissance. Cette eau chemine par les racines jusqu'aux feuilles et une portion importante s'échappe des feuilles par transpiration et s'évapore dans l'atmosphère.

Le sol : réservoir temporaire et zone de circulation

L'eau qui n'est pas interceptée, ni absorbée ou évaporée par la végétation vient se loger dans les vides entre les grains du sol. L'eau chemine ensuite en fonction de la texture, de la présence d'obstacles rocheux, de la pente, etc. Une partie de l'eau du sol rejoint les réserves en profondeur (aquifères) alors qu'une autre partie migre latéralement à faible profondeur en suivant les pentes du bassin-versant jusqu'à ce qu'elle rejoigne les ruisseaux, rivières et lacs.

Le sol forestier joue à cet égard un rôle important dans la diminution des débits de pointe des cours d'eau, car il possède une bonne capacité d'emmagasinage temporaire de l'eau des précipitations.

Les racines stabilisent le sol

Le long des lacs et cours d'eau, les racines des arbres et des arbustes retiennent le sol et protègent celui-ci contre l'érosion. Cet effet de stabilisation est aussi important dans les pentes du bassin-versant, là où la vitesse de l'eau de ruissellement peut arracher des quantités importantes de sols qui aboutissent ensuite dans les cours d'eau. L'eau chargée de particules de sol et d'humus se colore et se réchauffe donc plus facilement au soleil que l'eau claire.

La forêt joue un rôle de premier plan dans le cycle de l'eau et la stabilité du sol.

Les aménagements forestiers et la protection de la qualité de l'eau

Comme on vient de le voir, l'écosystème forêt est un milieu complexe qui a une grande importance sur le cycle de l'eau, mais qui a peu d'effets directs sur la prolifération des algues bleues.

Par contre, les coupes forestières, comme elles viennent modifier l'écosystème forêt, peuvent avoir des répercussions sur la prolifération des algues bleues. Ces effets sur la qualité de l'eau d'un bassin-versant et d'un lac sont susceptibles de se faire sentir sur plusieurs paramètres de qualité de l'eau, autant ceux contrôlés par les arbres que par le sol.

Lorsqu'elles sont bien planifiées et utilisées au bon moment de l'année, les voies de circulation de la machinerie ne causent pas de dommages significatifs à la forêt.

Les impacts des coupes forestières dépendent de plusieurs modalités de réalisation des travaux et de la nature des forêts où on les effectue. Il est important de s'assurer que toutes les mesures pertinentes susceptibles de protéger la qualité de l'eau des bassins-versants sont toujours prises en compte.

Protéger les sols sensibles au compactage

Au cours des travaux de coupe, le passage de la machinerie sur un sol non gelé peut compacter le sol et y creuser des ornières. Cette situation persiste pendant de nombreuses années après une coupe et altère parfois de façon permanente le milieu. À la fonte des neiges et lors des pluies, l'eau de ruissellement se concentre dans les ornières. Elles deviennent des ruisseaux qui érodent le sol et rendent la régénération forestière impossible. L'eau de ces ruisseaux est chargée de sédiments en suspension qui viennent diminuer la qualité de l'eau des rivières et des lacs.

Ces ornières ont été creusées par les roues de la machinerie forestière ayant circulé sur un sol organique humide.

Ces problèmes sont plus importants dans les sols organiques, ainsi que pour les sols minéraux de texture fine ou à forte teneur en humidité. L'exécution des opérations forestières sur sol gelé demeure à cet égard une excellente mesure de prévention des dommages liés au compactage et aux ornières.

LES COUPES DE JARDINAGE

La coupe de jardinage est une récolte d'arbres choisis individuellement ou par petits groupes. Elle permet de diversifier la composition de la forêt avec des arbres d'âges, d'essences et de dimensions variés. Lorsque bien réalisée, elle a pour effet de rehausser la vigueur générale des arbres laissés debout dans le peuplement et de libérer de l'espace pour la croissance de jeunes arbres. Elle doit être faite en prenant soin de protéger les arbres qui resteront debout, eux-mêmes sélectionnés au regard de leur potentiel d'avenir et de l'absence de malformations et de maladies. C'est une coupe que l'on met en œuvre dans les peuplements forestiers possédant une composition en essences qui permettra de regarnir l'espace laissé libre avec de nouveaux arbres qui toléreront l'ombre de ceux conservés.

Dans un contexte d'exploitation forestière, la répétition des coupes de jardinage à intervalles de 10 à 20 ans (selon les forêts) est un régime d'aménagement forestier qui permet d'obtenir des revenus intéressants. Dans un contexte non traditionnel, par exemple lors de l'aménagement forestier de boisés urbains ou de parcs naturels, il s'agit d'une opération intéressante qui laisse le milieu peu perturbé de même qu'un couvert d'arbres matures.

Cette coupe de jardinage bien faite permet la préservation d'un couvert forestier de bonne densité.

Ce type de coupe exige néanmoins une préparation adéquate qui nécessite l'identification individuelle et le marquage des arbres à récolter. L'exécution est aussi déterminante et requiert du personnel spécialisé qui ne créera pas de dommages évitables aux arbres conservés.

Ne pas faire de coupe totale sur les pentes fortes

Dans les pentes fortes, les travaux de récolte de bois doivent être strictement limités aux coupes de jardinage. L'intensité des coupes de jardinage doit être réduite au minimum et il ne doit pas y avoir création de trouées dans le couvert forestier. L'intégrité la plus complète possible du couvert forestier assure la protection des étages inférieurs de végétation ainsi que du sol. Les fonctions bénéfiques de la forêt par rapport au cycle de l'eau sont donc préservées. Cela se traduit notamment par un minimum de modification des conditions de ruissellement sur les pentes, facteur le plus grave d'accentuation de l'érosion.

Protéger les petits cours d'eau

Lors des opérations forestières, tous les cours d'eau doivent être protégés par une bande de forêt, qu'ils soient permanents, ou encore qu'ils soient petits et ne coulent que de façon intermittente. La largeur minimale de la zone tampon requise est de 20 mètres (65') de largeur de forêt de chaque côté des cours d'eau. Il faut retenir que le cours d'eau comprend le lit, mais aussi une bande riveraine de largeur variable. Il s'agit d'une zone de terrain pas nécessairement recouverte d'eau durant toute une année, mais susceptible d'être inondée fréquemment par les crues du cours d'eau (environ à tous les deux ans). Ce type de terrain submergé de façon temporaire se reconnaît entre autres par une végétation typique adaptée aux conditions difficiles propres aux sols détrempés périodiquement.

Il est primordial de protéger les berges des ruisseaux et des rivières.

Les arbres et arbustes de la zone tampon permettent de maintenir l'eau des ruisseaux à l'ombre. Les strates de végétation forestière conservées dans la zone tampon continuent à jouer leurs rôles dans le contrôle du ruissellement de surface susceptible de provenir des parterres de coupe situés en amont.

La zone tampon implique aussi l'interdiction de circulation de machinerie dans le boisé qui s'y trouve. En contrepartie, l'exécution de coupe de jardinage peut être autorisée. Elle peut même être bénéfique pour stimuler la vigueur du développement du boisé restant et minimiser certains risques de chablis

Bien gérer les débris de coupe

Les débris de coupe ne sont pas un problème tant qu'ils ne sont pas dans les cours d'eau. Dans la mesure où ils sont laissés sur les parterres de coupe et qu'ils sont constitués principalement de branches et de feuillage, ceux-ci ne posent pas de problèmes environnementaux. Une fois rabattus au sol, ils se décomposent sur place. Cette décomposition permet d'ailleurs le recyclage d'importants nutriments qui viennent stimuler la régénération.

Les coupes forestières sont toujours des travaux qui impressionnent par leur envergure. L'abondance des débris et l'impression de désordre frappent souvent l'imagination. Ils n'ont cependant que peu ou pas de conséquences sur l'état de l'écosystème.

Chablis

Partie d'une forêt dont les arbres ont été renversés, déracinés ou rompus par des agents naturels comme le vent ou les orages.

On peut constater ici les accumulations de débris de coupe et l'endroit où le sol a été mis à nu pour que le bois coupé puisse être empilé.

Il en va autrement des épaisses accumulations de débris (écorces, copeaux, etc.) qui peuvent être concentrées aux emplacements où les bois sont empilés et débités le long des chemins. Ces aires de travail doivent être nettoyées et des plantations doivent être faites pour régénérer les sols décapés.

Construire les chemins forestiers adéquatement

Bien qu'ils occupent une portion restreinte du territoire, les chemins construits en forêt peuvent avoir des impacts négatifs très importants. L'élimination de ceux-ci repose sur une bonne planification du drainage des fossés qui ont des conséquences majeures sur l'écoulement des eaux de surface.

Les chemins permanents construits en forêts amènent un détournement des eaux superficielles. Cette situation peut causer une concentration de l'écoulement des eaux, amenant de l'érosion.

Les traverses doivent être installées de façon à ne pas nuire aux cours d'eau.

Les chemins sont aussi l'occasion de traverser des cours d'eau. Les traverses doivent se faire avec des ponceaux de dimension adéquate pour ne pas nuire au bon écoulement des crues périodiques. Ils doivent aussi permettre le passage des poissons. De plus, ils doivent être installés de manière à ne pas amener la destruction des habitats aquatiques, notamment les frayères. Certaines peuvent être détruites par l'érosion associée à une concentration inhabituelle des débits d'eau. D'autres peuvent être rendues inutilisables par les poissons en raison du dépôt de sédiments fins provenant d'érosion en amont. En tout temps, il est interdit de traverser les cours d'eau avec la machinerie.

Minimiser les impacts visuels et environnementaux avec les coupes de jardinage

L'envergure des coupes totales est déterminante sur la perception qu'on a de leurs impacts potentiels sur l'environnement forestier. Dans la mesure où ces coupes sont faites en respectant diverses spécifications quant à la répartition des surfaces, aux peuplements et aux habitats à conserver, l'impact environnemental peut être très faible. Ce n'est pas le cas pour l'impact visuel.

Dans ce contexte, les coupes de jardinage sont une façon efficace de procéder aux travaux en maintenant au minimum leur empreinte sur le paysage. Les coupes de jardinage doivent cependant s'effectuer selon des normes qui leur sont propres. Leur exécution adéquate implique notamment le maintien d'une variété d'essences appropriée de même qu'un prélèvement ne dépassant pas une intensité donnée du peuplement d'origine.

Exemple d'une coupe totale où la régénération n'est pas bien distribuée sur l'ensemble du parterre forestier. La régénération naturelle existante au moment des travaux d'abattage n'a pas été bien protégée.

La propriété des forêts et le mode d'aménagement

Bien connaître à qui appartiennent les forêts permet de mieux comprendre la manière dont elles sont gérées. En effet, la réglementation et les opérations menées en forêts publiques diffèrent de ce qui est fait en forêts privées.

À qui appartiennent les forêts?

Au Québec, environ 80 % des forêts sont la propriété du gouvernement du Québec (forêts publiques) et 20 % sont des propriétés privées. La prédominance de chaque type de propriété dépend beaucoup de la région.

Dans les plaines du Saint-Laurent et du Lac-Saint-Jean, ainsi que sur les premiers contreforts des Appalaches et des Laurentides, les forêts sont principalement privées. Environ

130 000 propriétaires y possèdent des boisés et un peu plus de la moitié de ceux-ci sont actifs dans l'aménagement forestier. Dans les montagnes de la Gaspésie, sur tout le massif laurentien ainsi qu'en Abitibi, les forêts sont principalement la propriété de l'État.

La propriété conditionne le mode de gestion des forêts, mais aussi les moyens de contrôle de la qualité des travaux forestiers qui s'y déroulent.

Des forêts à partager entre divers publics

Les forêts publiques font toujours l'objet de débats importants quant aux vocations à leur donner. Dans le cas des secteurs où les coupes sont autorisées, la sensibilité est augmentée à cause de la délégation d'une partie de la responsabilité de gestion aux industriels forestiers. Ainsi, dans le cadre de consultations publiques sur leurs coupes projetées, les industriels doivent assurer une coordination avec les autres occupants de la forêt (autochtones, pourvoyeurs, environnementalistes, villégiateurs, etc.). La diversité des intérêts rend inévitablement les arbitrages difficiles.

Au Québec, la forêt appartient à divers types de propriétaires et elle est utilisée par des «clientèles» très diversifiées.

Le phénomène ne devrait d'ailleurs pas s'atténuer. À l'origine, le moteur premier de l'occupation des forêts a été la récolte des bois. La création de chemins de pénétration a cependant permis à un public de plus en plus varié de découvrir d'autres facettes de ces milieux naturels. Certains usages alternatifs se révèlent incompatibles avec la récolte des bois ou tout au moins ils impliquent des questionnements sur les façons de faire traditionnelles.

Coupes totales et coupes de jardinage

L'industrie forestière laisse une empreinte remarquable sur le territoire en raison du type de coupes forestières qu'elle réalise. Les plus visibles, et considérées comme les plus difficilement compatibles avec d'autres usages, sont les coupes

Après une coupe totale, cette parcelle a été bien régénérée par la plantation de conifères.

totales dans les peuplements dominés par les résineux, là où tous les arbres qui sont parvenus à maturité sont abattus en même temps.

Dans plusieurs forêts mélangées (ou mixtes) et feuillues, les coupes de jardinage qui sont privilégiées laissent un paysage beaucoup moins modifié. Bien que l'industrie se voie réserver d'importants territoires publics pour la récolte des bois (les contrats d'aménagement et d'approvisionnement forestier ou CAAF), les volumes autorisés ainsi que les modalités de prélèvements sont régulièrement révisés.

Une réglementation qui évolue

L'évolution de la réglementation régissant les actions des industriels forestiers reflète bien les changements quant aux valeurs sociales et l'amélioration des connaissances environnementales. Dans les forêts résineuses, des modèles de coupe forestière ayant une moins grande incidence sur le paysage naturel sont développés. La coupe en mosaïque devient de plus en plus la norme. Dans ce type d'intervention, les parterres de coupe sont de plus petites superficies. Ils sont aussi mieux répartis (d'où l'expression «en mosaïque») à travers des zones boisées conservées debout. Les coupes dans les zones réservées ne sont permises que lorsque la régénération des zones coupées est suffisante et assez haute.

Les modalités de protection du milieu forestier lors des travaux des industriels sont régulièrement révisées. Elles sont précisées dans le *Règlement sur les normes d'intervention dans les forêts du domaine public* (RNI). Ce règlement décrit et illustre quoi faire et quoi ne pas faire en forêt publique. Les modalités de protection de l'eau forment une partie très importante du RNI. Il inclut aussi des mesures visant la protection des milieux et habitats connexes à la forêt (marais, héronnières, etc.).

La gestion de la forêt est intimement liée à la qualité de l'eau.

La protection de l'eau lors des coupes dans les forêts publiques

La protection de l'eau dans le cadre des opérations forestières en forêts publiques a pour but principal de préserver les habitats et les populations de poissons. En protégeant la faune aquatique, on réduit du même coup les risques d'éclosion d'algues bleues.

Le règlement précise entre autres la localisation et la largeur des bandes riveraines à préserver ainsi que les modalités de construction et de traversée des cours d'eau par la machinerie, etc.

Le suivi des travaux en forêts publiques

Le contrôle du respect de la réglementation à la suite des travaux réalisés par les industriels est sous la responsabilité d'agences gouvernementales. Celles-ci examinent les rapports qui leur sont soumis par les industriels. Elles ont aussi la responsabilité d'inspecter et de valider la conformité des travaux réalisés en forêt. Avant toute intervention en forêts publiques, que celle-ci soit réalisée par un industriel ou par une entreprise spécialisée en récréation, des contrats, baux ou permis attribués en fonction de règles strictes doivent d'abord avoir été convenus avec le gouvernement.

Les décisions d'aménagement en forêts privées relèvent de chaque propriétaire

Les choix d'aménagement pour les boisés privés relèvent directement des propriétaires. Dans la mesure où les dispositions des règlements municipaux sont respectées, ceux-ci n'ont pas à soumettre à l'arbitrage public les usages qu'ils entendent privilégier sur leur lot (par exemple la récolte de bois plutôt que la récréation). Les érablières font cependant l'objet de mesures particulières de protection en vertu de la *Loi sur la protection du territoire et des activités agricoles*. Comme les forêts peuvent procurer simultanément divers bénéfices, des objectifs variés peuvent être atteints tout en assurant une protection adéquate de l'eau.

Les professionnels de divers organismes sont en mesure d'aider les propriétaires à mieux connaître leurs forêts et à

Bleu Laurentides
Prendre soin des lacs, c'est payant !

Jardiner, une assurance santé pour les lacs

Préserver la bande riveraine, **véritable bouclier protecteur du lac**, est une des nombreuses actions à mettre en place pour conserver la santé des lacs.

Mauvais aménagement
Si votre rive est déboisée ou possède des aménagements artificiels tels que du gazon ou un muret de pierre, il est essentiel de la revégétaliser. **Deux possibilités s'offrent à vous.**

Bon aménagement
Si votre rive a conservé son aspect naturel, félicitations et continuez ... Votre expérience pourrait être utile à vos voisins et aux associations de lacs, impliquez-vous !

1
- Laissez **faire la nature**, c'est la méthode la plus facile et la plus économique.
- Arrêtez de tondre le gazon près du rivage jusqu'à obtenir une bande naturelle (consultez votre réglementation municipale).
- Déjà **après 2 ou 3 ans**, des plantes bien adaptées au milieu riverain s'implanteront naturellement. Patience!

2
- Disposez des **plantes riveraines indigènes**, adaptées à notre climat et au milieu riverain.
- **Plantez à la mi-juin ou à la fin août**, de préférence tôt le matin ou le soir.
- Disposez vos plants en quinconce.
- **N'utilisez pas d'engrais** ou de compost. Les fertilisants nuisent à la santé du lac. Ils favorisent la prolifération d'algues et de plantes aquatiques (eutrophisation).

Bande riveraine au travail

Un repère visuel pourrait vous aider lors de vos travaux. Télécharger cette affiche au **www.crelaurentides.org/capsules.shtml**

Myrique baumier
Myrica gale

Rosier rustique
Rosa rugosa

Iris versicolore
Iris versicolor

Il faut choisir les végétaux les plus aptes et efficaces pour renaturaliser sa rive. Ils doivent avoir une croissance rapide, une rusticité comprise entre 2 et 5 et un système racinaire capable de stabiliser le sol. Favorisez les plantes à fleurs et à fruits. En plus d'égayer votre rive, elles seront utiles aux insectes et aux oiseaux.

Ci-contre sont représentés des végétaux adaptés aux différents milieux mais il existe d'autres espèces qui conviendront à votre terrain et à vos goûts (couleur, floraison, taille...).

Zone sèche
- Spirée à larges feuilles
- Cassandre calciulé
- Bleuet sp.

Zone semi-humide
- Vigne vierge
- Bouleau jaune
- Thé du labrador

Zone humide
- Eupatoire maculé
- Aster ponceau
- Kalmia feuilles étroites

Pour en savoir davantage :
www.crelaurentides.org

www.pepiniererustique.com

www.apehl.ca/FloraBerge.htm

a bande riveraine : le bouclier des lacs !

Largeur de la bande riveraine selon la pente du talus.

La bande riveraine est une bande de végétation naturelle de 10 m, ou de 15 m si votre pente est supérieure ou égale à 30%. Elle marque la transition entre le milieu aquatique et le milieu terrestre. Elle est idéalement composée d'herbacées, d'arbustes et d'arbres du Québec.

La bande riveraine est réglementée par la *Politique de protection des rives, du littoral et des plaines inondables*. Par conséquent, toute modification doit être en conformité avec votre municipalité.

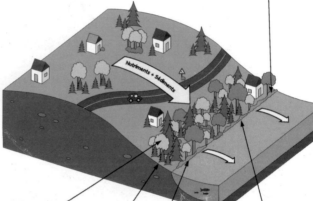

Ombrage
La végétation de la bande riveraine limite le réchauffement excessif de l'eau en bordure du lac.

Filtration
La végétation de la bande riveraine capte une grande partie des sédiments et des nutriments (phosphore et azote) qui arrivent au lac par ruissellement, ce qui limite la croissance excessive d'algues et de plantes aquatiques dans les lacs.

Érosion
La bande riveraine stabilise les berges. Elle limite l'érosion et les glissements de terrain.

Rétention
La bande riveraine réduit la vitesse d'écoulement des eaux de ruissellement et favorise l'infiltration de l'eau dans le sol.

Habitats
La rive des lacs et des cours d'eau est un milieu indispensable à la vie aquatique et terrestre. Elle offre habitat, nourriture et abri à la faune et la flore.

www.pepiniererustique.com   www.apehl.

en tirer le meilleur parti possible. Il existe d'ailleurs des programmes gouvernementaux d'aide à l'aménagement des forêts privées.

Les forêts privées sont régies par des règlements moins uniformes qu'en forêts publiques

En forêts privées, les modalités d'intervention sont principalement régies par les règlements municipaux. Ceux-ci s'attardent plus spécifiquement aux façons de faire les coupes et les plantations. Le but est toujours la protection de l'environnement.

Tout dépendant des villes, des permis peuvent ou non être exigés. Les spécifications des règlements varient aussi beaucoup. Enfin, il n'y a pas nécessairement de ressources pour permettre de contrôler leur respect sur le terrain.

L'opinion publique fait évoluer les règlements municipaux

L'opinion publique constitue un moteur important de l'évolution des règlements municipaux. Les soucis exprimés par les citoyens sont une des sources des modifications aux plans et règlements de zonage qui sont régulièrement révisés par les villes. Dans le cadre des lois qui encadrent les pouvoirs municipaux, on peut viser une meilleure qualité de l'eau des bassins-versants par un contrôle plus serré de l'aménagement forestier.

La promotion de la protection de l'environnement lors des travaux de coupe en forêt privée est faite aussi dans le *Guide des saines pratiques d'intervention en forêt privée*. Cet ouvrage s'adresse autant aux propriétaires de lots qu'à ceux qui y exécutent des travaux forestiers.

Il est facile de comprendre que de telles beautés peuvent soulever des passions…

*Il est tout à fait possible
de profiter de la beauté des lacs
tout en préservant leur intégrité écologique.*

Les aspects juridiques de la protection des lacs et des cours d'eau

Jean-François Girard

QUI PEUT FAIRE QUOI ? Voilà la question que bien des citoyens se posent lorsque des algues bleues font leur apparition dans leur lac. Qui est responsable de faire appliquer les règlements et les normes qui pourraient corriger la situation ou empêcher qu'elle refasse son apparition ?

La *Loi constitutionnelle de 1867* (ci-après la «*Constitution*») partage les pouvoirs entre le gouvernement fédéral et les gouvernements provinciaux. Qui, du gouvernement fédéral ou du gouvernement provincial, doit voir à la protection de l'environnement ?

Par ailleurs, à qui appartient le lac ? Quel est le rôle de la municipalité et quels sont ses pouvoirs ? Et les citoyens, comment peuvent-ils agir pour protéger leur lac ? Voilà quelques-unes des questions auxquelles ce chapitre souhaite répondre.

Autant les gouvernements fédéral et provincial, que les municipalités et les citoyens peuvent agir pour protéger les lacs et cours d'eau, chacun à son niveau, chacun selon ses compétences, pouvoirs et moyens. Aucun ne possède la prérogative exclusive d'agir seul. Les solutions font appel à la collaboration de tous.

L'eau : chose commune ; les lacs et cours d'eau : biens collectifs

La *Politique nationale de l'eau* du Québec statue que l'eau est une chose commune, c'est-à-dire que l'eau, qu'elle soit en surface – dans les lacs et les cours d'eau – ou souterraine, est une richesse de la société québécoise et qu'elle fait partie intégrante du patrimoine collectif.

L'eau est une chose commune et les lacs des biens collectifs.

Dès lors que l'on reconnaît que l'eau est une chose commune, il en découle que les lacs et cours d'eau sont des biens collectifs dont la gestion relève des usagers. Les usagers des lacs et des cours d'eau sont les résidants riverains et ceux qui peuvent accéder légalement à l'eau, la municipalité et, à d'autres niveaux, les gouvernements fédéral et provincial. Les usagers industriels, agricoles ou institutionnels du bassin-versant sont également appelés à se soucier des effets de leurs activités sur la santé des lacs et des cours d'eau. En fait, tous les usagers d'un lac ou d'un cours d'eau devraient avoir la possibilité de participer activement à sa gestion.

Évidemment, pour éviter la cacophonie, les lois octroient à l'un ou l'autre usager des compétences, des pouvoirs et des moyens lui permettant d'agir efficacement, chacun à son niveau, sur les éléments qui relèvent de sa responsabilité. Cela nous amène au partage des compétences selon la *Constitution*.

L'environnement : une compétence partagée

Au Canada, la *Constitution* détermine le partage des compétences entre les gouvernements fédéral et provinciaux. Par exemple, le gouvernement fédéral est responsable des « pêcheries des côtes de la mer et de l'intérieur », de la monnaie et du « service postal ». Les législatures provinciales ont hérité des institutions municipales, de la « propriété et les droits civils dans la province », et « généralement toutes les matières d'une nature purement locale ou privée dans la province ».

Or, un examen rapide de ce partage des compétences permet de constater que l'« environnement » n'y est jamais mentionné. C'est donc une compétence non inscrite à la *Constitution*. De plus, les tribunaux ont déterminé que ce sujet devait être une compétence partagée entre les différents paliers de gouvernement. C'est pourquoi, lorsqu'il est question de protection de l'environnement, les tribunaux reconnaissent que le gouvernement fédéral, le gouvernement provincial et même les municipalités peuvent, à leur niveau et dans leurs champs de compétence, agir en faveur de la protection de l'environnement, en général, et la protection des lacs et cours d'eau, en particulier.

Un sujet fait exception en cette matière: il s'agit de la compétence exclusive du gouvernement fédéral sur la navigation. C'est pourquoi, l'étude de la réglementation des usages autour et dans les lacs et cours d'eau débute par ce rôle exclusif du gouvernement fédéral quant au contrôle de la navigation des bateaux.

La compétence exclusive du gouvernement fédéral sur la navigation

Sujet délicat – sinon explosif! – sur les lacs et cours d'eau, le contrôle de la navigation des bateaux, motomarines et autres *wakeboats* relève exclusivement de la compétence du gouvernement fédéral.

Historiquement, toutes les tentatives de la législature provinciale et des municipalités québécoises pour réglementer la circulation des bateaux à moteur sur les lacs (1), la vitesse de circulation (2) ou l'amarrage des bateaux (3) ont été rejetées par les tribunaux qui, chaque fois, ont confirmé que seul le gouvernement fédéral peut réglementer toute activité qui touche, de près ou de loin, à la navigation.

Il est quand même possible de réglementer l'usage des bateaux sur les plans d'eau du Québec en respectant la procédure suivante.

Tout d'abord, la municipalité où se trouve le plan d'eau concerné doit tenir une consultation publique (référendum) afin de connaître l'appui de la population à des mesures restrictives à la conduite des bateaux. Tous ceux qui ont légalement le droit d'accéder au plan d'eau en question doivent avoir l'opportunité de participer à la consultation publique.

Au Canada, la gestion de l'environnement est une compétence partagée entre les divers niveaux de gouvernement.

RÉFÉRENCES JURIDIQUES

1) *Saint-Denis-de-Brompton* c. *Filteau*, [1986] R.J.Q. 240 (C.A.).

2) *McLoed* c. *Saint-Sauveur (Ville de)*, EYB 2005-86466 (C.S.).

3) *Québec (Procureure générale)* c. *LaRochelle*, REJB 2003-51811 (C.S.). Cette décision annulait un règlement de la Municipalité de Austin.

C'est le gouvernement fédéral qui contrôle la réglementation des activités de navigation.

NOTE JURIDIQUE

Le *Règlement sur les restrictions à la conduite des bateaux*, du gouvernement du Canada, prévoit une série de restrictions telles que l'interdiction de conduite de bateaux à propulsion mécanique (moteur à essence), la limitation de la vitesse sur tout le plan d'eau ou à moins de 10 km/h à moins de 30 mètres (± 100') des berges, la limitation de la force des moteurs, l'encadrement des activités de ski nautique, etc.

Si, par hypothèse, une majorité de la population est favorable à la restriction proposée (voir Note juridique), la municipalité adopte une résolution en ce sens et adresse une demande au ministère des Affaires municipales et des Régions du Québec (MAMR). Celui-ci doit alors transmettre cette résolution à Transports Canada. Seul le MAMR peut s'adresser au ministre fédéral des Transports, les municipalités n'étant pas autorisées à le faire directement.

Le ministre des Transports, de l'Infrastructure et des Collectivités du Canada reçoit ainsi la demande de la municipalité, par l'intermédiaire du MAMR. S'il accepte la restriction demandée, il ajoute le plan d'eau concerné à la liste des lacs et cours d'eau où s'applique une restriction à la conduite des bateaux. Ce n'est que lorsque Transports Canada a modifié cette liste que la restriction devient effective et peut s'appliquer sur le plan d'eau local.

Si la procédure peut sembler fastidieuse, il est cependant intéressant de constater que la réglementation de l'utilisation des embarcations à moteur sur les lacs et cours d'eau exige préalablement une certaine forme de consensus au sein d'une même communauté. À ce titre, les municipalités constituent le forum tout désigné des échanges entre les partisans de la quiétude des lacs et cours d'eau et les amateurs de sensations fortes et sonores. Il en est bien ainsi: du choc des idées, doit jaillir la lumière! Quoi qu'il en soit, la réglementation de l'utilisation des bateaux, motomarines et des *wakeboats* suscitera encore certainement plusieurs débats au sein des collectivités riveraines dans les années à venir.

Il est possible de réglementer les conditions dans lesquelles sont pratiquées les activités nautiques.

PROCÉDURE D'ADOPTION D'UN RÈGLEMENT MUNICIPAL CONCERNANT DES RESTRICTIONS À LA CONDUITE DES BATEAUX

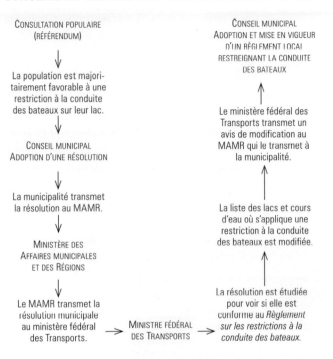

□ **Les compétences provinciales en matière de protection de l'environnement**

En matière d'environnement, le gouvernement provincial assume, au premier chef, le rôle de «fiduciaire de l'environnement». De plus, il peut déléguer des responsabilités particulières aux municipalités. De fait, celles-ci assument aussi leur part de responsabilités.

Un rôle de fiduciaire de l'environnement

Dans un jugement important (1), la Cour suprême du Canada a eu l'occasion de confirmer que les différents paliers de gouvernement – que ce soit le gouvernement fédéral, les gouvernements provinciaux, mais particulièrement, et c'est ce qui rend ce jugement si intéressant, les municipalités – assument un rôle de «fiduciaire de l'environnement» au profit des citoyens de toute la collectivité.

RÉFÉRENCE JURIDIQUE

1) *Colombie-Britannique* c. *Canadian Forest Products Ltd.,* [2004] 2 R.C.S. 74.

En application de ce principe, on pourrait donc s'attendre des autorités publiques qu'elles agissent afin de protéger l'environnement et qu'elles prennent les mesures nécessaires pour corriger les atteintes à la qualité de l'environnement.

Au Québec, la *Loi sur le ministère du Développement durable, de l'Environnement et des Parcs*, à son article 10, premier alinéa, consacre le rôle de fiduciaire de l'environnement du ministre en ces termes:

« 10. *Le ministre est chargé d'assurer la protection de l'environnement.* »

Délégation de responsabilités aux municipalités

Cela dit, le législateur québécois a délégué aux municipalités la responsabilité d'appliquer et faire respecter deux pièces réglementaires essentielles pour la protection des lacs et des cours d'eau. Il s'agit de:

Les municipalités ont un rôle important à jouer en matière de protection de l'environnement.

- *Règlement sur l'évacuation et le traitement des eaux usées dans les résidences isolées*;

- *Politique de protection des rives, du littoral et des plaines inondables.*

Le rôle des municipalités dans l'application de ces deux règlements est expliqué un peu plus loin dans le présent chapitre.

Avant de poursuivre, il faut cependant mentionner que cette délégation n'équivaut pas à une abdication de ces responsabilités de la part du gouvernement provincial. En tout temps, le ministre du Développement durable, de l'Environnement et des Parcs (ci-après le «ministre de l'Environnement») conserve un pouvoir de surveillance et de contrôle sur les municipalités à qui ont été déléguées ces responsabilités. L'article 29 de la *Loi sur la qualité de l'environnement* (L.Q.E.) rappelle ce pouvoir du ministre de l'Environnement en ces termes:

« 29. *Le ministre peut, après enquête, ordonner à une municipalité d'exercer les pouvoirs relatifs à la qualité de l'environnement que confère à cette municipalité la présente loi ou toute autre loi générale ou spéciale.* »

C'est donc dire qu'en tout temps, lorsqu'il constate qu'une municipalité fait omission d'agir en matière de protection de l'environnement ou, notamment, néglige de faire appliquer le *Règlement sur l'évacuation et le traitement des eaux usées dans les résidences isolées* ou les normes minimales de la *Politique de protection des rives, du littoral et des plaines inondables*, le ministre de l'Environnement peut intervenir et demander que la situation soit corrigée.

Les pouvoirs des municipalités

Déjà nombreux, les pouvoirs des municipalités en matière d'environnement sont appelés à croître dans les prochaines années.

Le rôle important des municipalités en matière d'environnement

D'entrée de jeu, dans l'arrêt *Spraytech* de la Cour suprême du Canada, la juge Claire L'Heureux-Dubé campe ainsi le jugement qu'elle s'apprête à rendre au nom de la majorité :

« *Le contexte de ce pourvoi nous invite à constater que notre avenir à tous, celui de chaque collectivité canadienne, dépend d'un environnement sain. Comme l'a affirmé le juge de la Cour supérieure :* "Il y a vingt ans, on se préoccupait peu de l'effet des produits chimiques, tels les pesticides, sur la population. Aujourd'hui, nous sommes plus sensibles au genre d'environnement dans lequel nous désirons vivre et à la qualité de vie que nous voulons procurer à nos enfants". *Notre Cour a reconnu*

La Cour suprême du Canada a reconnu aux municipalités des pouvoirs étendus en matière de protection de l'environnement.

RÉFÉRENCES JURIDIQUES

1) *114957 Canada ltée (Spraytech, Société d'arrosage)* c. *Hudson (Ville)*, [2001] 2 R.C.S. 241, REJB 2001-24833, par. 1 et 3.

2) Daniel BOUCHARD, «L'affaire Spraytech et le pouvoir des municipalités de réglementer les matières environnementales ''nouvelles''», dans *Développements récents en droit de l'environnement* (2002), Cowansville (Québec), Éditions Yvon Blais, 2002, p.1, à la page 5.

NOTE JURIDIQUE

C'est d'ailleurs la juge Claire L'Heureux-Dubé qui la première, dans l'affaire *Spraytech*, avait avancé l'idée que les municipalités jouent un rôle de fiduciaire de l'environnement. Ce concept fut par la suite repris et consacré par le juge William Binnie dans l'arrêt *Colombie-Britannique c. Canadian Forest Products Ltd.*

que [...] nous savons tous que, individuellement et collectivement, nous sommes responsables de la préservation de l'environnement naturel... la protection de l'environnement est... devenue une valeur fondamentale au sein de la société canadienne» [...]» (1)

L'arrêt *Spraytech* est riche d'enseignements à deux égards au chapitre des préoccupations environnementales :

- il confirme et accentue le statut particulier conféré aux questions environnementales par la Cour suprême dans certaines de ses décisions antérieures ;
- il introduit l'idée que les municipalités doivent pouvoir jouer un rôle particulier en matière environnementale (2).

Aussi, il faut souligner que les développements jurisprudentiels récents marquent de plus en plus ce rôle de «fiduciaire de l'environnement» (voir Note juridique) qui incombe aux administrations publiques, particulièrement les municipalités.

Le législateur québécois n'allait d'ailleurs pas rester muet devant ces développements jurisprudentiels et, le 1er janvier 2006, la *Loi sur les compétences municipales* (L.C.M.) entrait en vigueur. L'article 4 de cette loi octroie dorénavant aux municipalités du Québec une compétence spécifique et particulière en matière d'«environnement».

Dans l'exercice de sa compétence en environnement, une municipalité peut adopter tout règlement (art. 19 L.C.M.), lequel règlement peut prévoir toute prohibition (art. 6 L.C.M.). Elle peut aussi adopter toute mesure non réglementaire (art. 4 L.C.M.).

Bref, l'entrée en vigueur de la *Loi sur les compétences municipales* est venue confirmer que l'environnement est dorénavant un objet de compétence municipale valide.

Les administrations publiques ont un rôle de fiduciaire de l'environnement.

Le contrôle des installations septiques

Le Règlement sur l'évacuation et le traitement des eaux usées dans les résidences isolées

Au Québec, le contrôle des installations septiques est assuré par le *Règlement sur l'évacuation et le traitement des eaux usées dans les résidences isolées* aussi appelé *Règlement sur les installations septiques*. Ce règlement est conçu pour permettre l'utilisation des terrains qui ne sont pas desservis par un réseau d'égout tout en assurant une bonne protection de l'environnement. C'est pourquoi le règlement prévoit plusieurs alternatives techniques selon la situation du terrain.

Cependant, il est possible qu'un sol ne puisse jamais recevoir un bâtiment parce qu'aucune installation adéquate n'y serait réalisable (1). En pareil cas, les municipalités ne disposent pas du pouvoir d'autoriser des exceptions (2).

La Cour d'appel dans l'affaire *Fontaine* est claire à ce sujet, seul le ministre de l'Environnement possède ce pouvoir et non les municipalités. Ainsi, le Règlement «*édicte des normes objectives à respecter et, […], il ne laisse à quiconque le soin d'examiner et valider une installation non conforme parce qu'elle ne constituerait pas une nuisance*» (3).

L'obligation d'agir des municipalités

En règle générale, une municipalité n'est jamais tenue de faire respecter ses propres règlements. C'est là le principe de la discrétion municipale en droit administratif: pour des raisons de saine administration des finances publiques, il est impossible de forcer une municipalité à poursuivre tous les contrevenants au regard de l'un ou l'autre de ses règlements.

Parfois cependant, la loi fait exception à ce principe. C'est justement le cas du *Règlement sur les installations septiques*. En effet, l'article 88 du règlement édicte: «*Il est du devoir de toute municipalité […] d'exécuter le présent règlement et de statuer sur les demandes de permis soumises en vertu de l'article 4.*»

RÉFÉRENCES JURIDIQUES

1) *Municipalité de St-Mathieu de Laprairie* c. *Gadoury*, J.E. 91-1415 (C.S.).

2) *Fontaine* c. *Lapointe-Chartrand*, [1996] R.D.J. 228 (C.A.).

3) *Id.*, 233.

Les municipalités ont des obligations dans le contrôle des installations septiques.

Mandamus

Recours extraordinaire en droit civil par lequel un citoyen peut demander à la Cour supérieure d'ordonner à une municipalité de faire quelque chose qu'elle est obligée de faire en application de la loi.

Les municipalités n'ont donc pas le choix à propos de ce règlement: elles sont tenues de l'appliquer et de le faire respecter. Par conséquent, si une municipalité fait défaut d'agir, un citoyen peut l'y forcer, par voie de **mandamus**.

Ainsi, dans l'affaire *Hudon-Desjardins* (1), la Cour supérieure a confirmé que la municipalité concernée doit obliger les résidants à équiper leurs propriétés des installations septiques requises pour que cesse la pollution de l'environnement.

De plus, la Cour a ajouté qu'il n'y a pas de droit acquis à une installation septique qui pollue l'environnement, même si elle a été installée avant l'entrée en vigueur du *Règlement sur les installations septiques*.

De même, il fut décidé par la Cour supérieure dans l'affaire de la *Municipalité de Brigham* (2) que si un chalet existant est démoli volontairement et qu'une nouvelle résidence est reconstruite, les installations septiques devront être conformes à la réglementation en vigueur au moment de la reconstruction, c'est-à-dire le *Règlement sur les installations septiques* dans sa version actuelle.

Enfin, il ressort de la jurisprudence pertinente qu'une municipalité qui ne fait pas respecter le *Règlement sur les installations septiques* pourrait voir sa responsabilité civile engagée si un tiers subit un dommage. Autrement dit, une municipalité pourrait être tenue de dédommager un citoyen du préjudice subi en raison du fait que la municipalité n'aurait pas pris les moyens adéquats pour faire corriger la situation de non-conformité des installations septiques voisines.

Les municipalités ont les pouvoirs pour contrôler les pollutions. Encore faut-il qu'elles décident de les utiliser.

RÉFÉRENCES JURIDIQUES

1) *Hudon-Desjardins* c. *Québec (Procureure générale)*, [1989] R.D.I. 806 (C.S.).

2) *Municipalité de Brigham* c. *Bernard*, REJB 1999-13399 (C.S.).

Les municipalités ont la possibilité de se substituer aux citoyens si ceux-ci ne font pas vidanger leurs installations septiques.

La municipalisation du service de vidange des installations septiques

Afin de s'assurer d'un certain contrôle sur la vidange des installations septiques sur leur territoire et de façon à pouvoir plus facilement en examiner la conformité, plusieurs municipalités au Québec ont récemment entrepris de municipaliser la vidange des installations septiques. La *Loi sur les compétences municipales* offre maintenant tous les pouvoirs nécessaires à la mise en place de règlements de cette nature.

Plusieurs formules peuvent alors être utilisées :

- soit que la municipalité fasse faire la vidange des installations septiques par les services publics municipaux ;
- soit qu'elle confie cette tâche à un entrepreneur spécialisé en ce domaine, généralement après un processus d'appel d'offres et de l'octroi d'un contrat municipal au plus bas soumissionnaire.

Par exemple :

- la MRC de la Jacques-Cartier propose à ses municipalités membres un *Programme municipalisé de vidange des fosses septiques* ainsi qu'un guide d'implantation du programme ;
- la Municipalité de Stoneham a adopté une *Politique d'intervention concernant la mise aux normes des installations septiques déficientes* ;
- la Ville de Mont-Tremblant dispose maintenant d'un *Règlement sur le contrôle et la fréquence de vidange des fosses septiques* par lequel la Ville a pris la responsabilité des vidanges des installations septiques sur son territoire ;
- la Municipalité de Saint-Alphonse-Rodriguez se propose d'adopter un *Règlement sur la vidange municipale des installations septiques* par lequel elle laissera la possibilité à ses citoyens de faire procéder eux-mêmes à la vidange de leurs installations septiques par un entrepreneur privé jusqu'à une date butoir. Au-delà de cette date, la municipalité fera vidanger toutes les installations septiques qui auraient dû être vidangées cette année-là, mais qui ne l'avaient pas été à la date butoir.

INTERDIT

de faire l'épandage d'engrais chimiques, naturels, biologiques, herbicides ou pesticides sur tout le territoire de la Municipalité du Village de Lac Poulin.

RÈGLEMENT #53-02

Les contrevenants pourront être passibles d'une amende de

500 $ à 3000 $

Les municipalités peuvent exercer un certain contrôle sur le travail des entreprises qui œuvrent sur leur territoire.

Le contrôle des entrepreneurs

Enfin, d'autres municipalités désirent connaître l'identité et contrôler les allées et venues des entrepreneurs qui exercent des activités susceptibles d'avoir une incidence environnementale sur leur territoire. On peut penser ici, par exemple, aux entrepreneurs qui procèdent à la vidange des installations septiques ou à ceux qui font de la construction ou de l'entretien des aménagements paysagers.

Dans le cas de la vidange d'installations septiques, certaines municipalités exigent dorénavant que les entrepreneurs désirant œuvrer sur leur territoire se munissent d'un permis délivré par la municipalité. Au moment de la demande de *permis de vidange d'installations septiques*, on exige de l'entrepreneur qu'il fournisse certaines informations permettant de s'assurer du sérieux de son entreprise et de la qualité de son travail. Voici, par exemple, quelques-unes des informations qui peuvent être demandées :

- une carte professionnelle indiquant le nom de l'entrepreneur ;
- les noms et prénoms des personnes susceptibles d'effectuer des vidanges sur le territoire de la municipalité ;
- le type d'équipement et le nombre de camions utilisés ;
- une copie de la plus récente version du formulaire de mise à jour des renseignements fournis lors de l'inscription au *Registre des propriétaires et des exploitants de véhicules lourds* ;
- le cas échéant, le nombre et la description de toutes infractions en matière environnementale pour lesquelles l'entrepreneur a été condamné dans les deux années précédentes ;
- dans le cas d'une personne morale :
  - le nom et prénom du principal administrateur ;
  - le nom et prénom du principal actionnaire ;
  - la dernière déclaration annuelle produite au registraire des entreprises du Québec.

En plus de ces informations, il est également possible de demander à tout entrepreneur détenant un permis d'installations septiques de fournir une planification hebdomadaire des vidanges qu'il prévoit effectuer durant la semaine. De même, un entrepreneur peut être requis de remettre aux bureaux de la municipalité la preuve que les boues de fosses septiques vidangées sur le territoire de la municipalité ont fait l'objet d'une disposition dans un site autorisé conformément à la loi, de même que toute autre information (comme le volume total de boues vidangées ou le volume par fosse septique) que la municipalité peut juger utile d'obtenir.

Pour ce qui est des entrepreneurs en aménagements paysagers ou d'entretien horticole, on pourrait exiger qu'ils fournissent, entre autres informations utiles, les noms et adresses de leurs clients, la liste des produits fertilisants utilisés, les plans d'aménagement paysager notamment, dans ce dernier cas, pour s'assurer du respect des bandes riveraines.

La protection des bandes riveraines

L'inclusion des normes minimales de la Politique au règlement de zonage local

Tel qu'indiqué précédemment, le législateur provincial a adopté la *Politique de protection des rives, du littoral et des plaines inondables*, laquelle énonce les règles minimales de protection de ces différents éléments. Quant à la bande riveraine, cette politique énonce qu'elle est d'une profondeur de 10 à 15 mètres (33 à 50') selon la déclivité de la pente. Pour une pente de plus de 30 %, la bande riveraine aura une profondeur de 15 mètres. En deçà de 30 %, la bande riveraine aura une profondeur de 10 mètres.

On sait aujourd'hui que les normes minimales quant à la profondeur des bandes riveraines sont insuffisantes.

Il faut savoir que la littérature scientifique recommande une bande riveraine d'un minimum de 30 mètres en tout temps. Les normes actuelles sont le fruit d'une négociation, avant la promulgation de la *Politique*, entre les promoteurs du développement du territoire et les

tenants d'une protection accrue des lacs et des cours d'eau. C'est pourquoi il apparaît primordial de respecter rigoureusement les normes actuelles de la *Politique* qui sont en fait des normes minimales.

Cependant, la *Politique de protection des rives, du littoral et des plaines inondables* ne constitue pas en soi un règlement qui peut être imposé aux citoyens. En fait, cette politique est un énoncé de la volonté du gouvernement provincial en matière de protection des rives, du littoral et des plaines inondables. Afin d'acquérir une force contraignante, les normes de la *Politique* doivent être intégrées dans les règlements de zonage des municipalités. Ce n'est qu'alors qu'elles acquièrent une force obligatoire et qu'elles doivent être respectées par les citoyens. La *Loi sur l'aménagement et l'urbanisme* prévoit que le ministre de l'Environnement peut, s'il est d'avis que le règlement de zonage d'une municipalité n'intègre pas adéquatement les normes de la *Politique*, demander à cette municipalité de modifier son règlement afin de se conformer à ces normes.

Ce n'est qu'une fois que les normes de la Politique *de protection des rives, du littoral et des plaines inondables sont intégrées dans les règlements de zonage des municipalités qu'elles acquièrent un caractère obligatoire.*

Contrairement au *Règlement sur les fosses septiques*, une municipalité n'est cependant pas tenue de faire respecter son règlement de zonage. Elle peut faire usage de sa discrétion en cette matière et on ne peut la forcer à l'appliquer. Néanmoins, la jurisprudence indique qu'une municipalité qui fait omission de faire appliquer ses règlements pourrait voir sa responsabilité civile engagée si un tiers subit un préjudice du fait de cette situation de non-conformité réglementaire.

Réglementer plus « sévèrement » que la Politique

À l'inverse, une municipalité peut décider d'adopter des normes réglementaires plus sévères que celles proposées par la *Politique*. Ainsi, une municipalité pourrait imposer le respect d'une bande riveraine d'une profondeur minimale de 30 mètres (100') sur le pourtour de tous les lacs de son territoire. Quelques municipalités du Québec se sont déjà engagées sur cette voie.

Dans la municipalité de Saint-Faustin – Lac-Carré, le règlement sur les bandes riveraines prévoit :

- qu'aucune intervention ne peut être effectuée dans une bande riveraine de 15 mètres à partir de la ligne des hautes eaux, ce qui inclut l'interdiction de couper le gazon et toute autre végétation ;
- l'obligation de revégétaliser une bande riveraine de 5 mètres (16') dans la portion la plus près du lac;
- le règlement précise que les droits acquis ne s'appliquent pas.

Dans la municipalité de Saint-Donat, le règlement prévoit :

- l'imposition d'une bande riveraine de 10 à 15 mètres ;
- l'interdiction de toute intervention dans la bande riveraine, sauf sur autorisation du conseil en vertu du règlement sur les *Plans d'implantation et d'intégration architecturale* (PIIA).

À Sainte-Agathe-des-Monts la bande de protection riveraine est fixée à 15 mètres sur tout le territoire.

Ces différentes dispositions réglementaires illustrent la diversité des initiatives municipales en faveur d'une protection accrue de la bande riveraine afin de lui permettre de jouer encore plus efficacement son rôle de filtre naturel des lacs et cours d'eau.

Les municipalités ont la possibilité d'adopter des règlements plus sévères que ce que préconise la politique provinciale.

Obliger la revégétalisation des bandes riveraines

Que faire, cependant, de toutes ces bandes riveraines dégradées ou artificialisées qui menacent la santé des lacs et cours d'eau? Est-il possible d'en exiger la revégétalisation ou la restauration? Peut-on exiger la démolition des murets de pierres ou de ciment qui ceinturent de trop nombreux lacs? Ou, du moins, exiger leur recouvrement par des plantes?

L'article 113 (12°) de la *Loi sur l'aménagement et l'urbanisme* (L.A.U.) stipule qu'une municipalité peut prévoir, dans son règlement de zonage, des dispositions pour «*obliger tout propriétaire à garnir son terrain de gazon, d'arbustes ou d'arbres*».

Les municipalités peuvent rendre obligatoire la revégétalisation des bandes riveraines.

Évidemment, dans la bande riveraine, il ne saurait être question de gazon, mais cette disposition peut certainement servir d'assise à une municipalité pour adopter un règlement obligeant tout propriétaire riverain à revégétaliser, ou à restaurer, par la plantation d'arbres et d'arbustes, sa bande riveraine lorsqu'elle est dégradée ou artificialisée.

La municipalité de Saint-Alphonse-Rodriguez a ainsi présenté pour discussion avec ses citoyens, au mois de juillet 2007, un projet de *Règlement concernant la renaturalisation des rives*. La municipalité se propose d'adopter ce règlement en vertu de sa compétence en environnement aux termes de l'article 4 de la *Loi sur les compétences municipales* et des pouvoirs prévus à l'article 113 (12°) L. A. U. Selon l'article 3 du projet de règlement proposé par la municipalité, celui-ci aurait pour but :

« [...] *de réglementer les interventions dans la bande riveraine de tout lac, cours d'eau ou milieu humide situé sur le territoire de la municipalité notamment afin de protéger l'intégrité du couvert végétal existant, rétablir l'intégrité dudit couvert végétal là où il est dégradé et de restaurer le caractère naturel de la bande riveraine des lacs, cours d'eau ou milieux humides sur le territoire de la municipalité.*

Le présent règlement impose également des mesures destinées à permettre à la municipalité d'acquérir la connaissance de l'état de la bande riveraine sur toutes les propriétés privées riveraines d'un lac, d'un cours d'eau ou d'un milieu humide.

Enfin, le présent règlement vise à rétablir le couvert végétal de toute bande riveraine dégradée dans un horizon de cinq (5) ans suivant le 30 mai 2008. »

Le préambule du projet de règlement permet de comprendre le contexte qui incite le conseil municipal à adopter ce règlement. Parmi la série des attendus qui composent le préambule, on peut notamment lire les suivants :

«ATTENDU QUE le règlement de zonage de la municipalité prévoit la protection d'une bande riveraine en bordure des lacs, cours d'eau et milieux humides sur tout le territoire municipal ;

ATTENDU QUE la végétation d'une bande riveraine non perturbée est le plus souvent constituée d'une strate herbacée, d'une strate arbustive et d'une strate arborescente ;

ATTENDU QUE la présence d'un couvert végétal aussi naturel que possible dans la bande riveraine est essentielle au maintien de la qualité des écosystèmes de lacs, cours d'eau ou milieux humides ;

ATTENDU QU'une bande riveraine artificialisée accélère le processus d'eutrophisation des lacs et cours d'eau;

ATTENDU QU'une bande riveraine artificialisée est une source de pollution ;

ATTENDU QUE le phosphore est un des éléments majeurs accélérant le processus de vieillissement (eutrophisation) des lacs et des cours d'eau et l'apparition d'espèces perçues comme nuisibles telles les cyanobactéries, communément appelées "algues bleues"; »

Ensuite, le règlement interdit le contrôle de la végétation dans la bande riveraine et prévoit l'envoi d'un *Avis de renaturalisation*, par la municipalité, à tout propriétaire d'un terrain en bordure de l'eau dont la bande riveraine est dégradée ou artificialisée. Le propriétaire qui reçoit cet avis doit procéder à la revégétalisation de sa bande riveraine dans un délai de cinq ans. Le règlement prévoit cependant des exceptions afin de tenir compte du patrimoine déjà bâti, tout en favorisant la restauration maximale de toute bande riveraine.

L'initiative réglementaire de la Municipalité de Saint-Alphonse-Rodriguez est un exemple de ce que les municipalités du Québec peuvent faire pour protéger davantage et de façon plus efficace la santé des lacs et des cours

Les municipalités ont les outils nécessaires pour empêcher ce genre de « massacre » de la bande riveraine.

d'eau sur leur territoire. Cette initiative est d'autant plus intéressante qu'elle permet de restaurer, parfois après plusieurs années de laisser-faire, des bandes riveraines artificialisées afin qu'elles participent davantage au maintien de l'équilibre écologique des lacs et cours d'eau.

Mise en garde

Plusieurs municipalités ont récemment entrepris d'exiger la restauration ou le maintien d'une bande riveraine à l'état naturel de 2, 3 ou 5 mètres (6, 10 ou 16'). Si l'effort est louable, particulièrement là où les bandes riveraines sont lourdement dégradées, les municipalités doivent être mises en garde contre le danger d'«officialiser» une situation de non-conformité. En effet, la norme minimale applicable partout au Québec exige le maintien à l'état naturel de la bande riveraine sur une profondeur de 10 mètres (33') (même si les spécialistes suggèrent que la bande devrait être au minimum de 30 mètres [100']). Il ne faudrait donc pas se contenter de mesures moindres, là où il est possible de recouvrer des bandes riveraines d'au moins 10 mètres. Chaque fois que faire se peut, il est approprié de favoriser la restauration ou le maintien de bandes riveraines d'une largeur minimale de 10 mètres.

Il est urgent de repenser l'aménagement du territoire afin de respecter la capacité de support des écosystèmes.

Repenser l'aménagement du territoire ; respecter la capacité de support des écosystèmes

À l'heure actuelle, les règlements de zonage municipaux imposent généralement des normes uniformes qui tiennent peu compte de la réalité du territoire et encore moins de la «capacité de support des écosystèmes» (voir Note juridique). Par exemple, si on impose le respect rigoureux d'une bande de protection riveraine de 10 mètres tout le tour d'un lac, mais qu'on permet ensuite un développement intensif de son bassin-versant, sans se soucier de la quantité de phosphore qui sera produite et amenée au lac, on risque fort d'assister à la dégradation de ce lac malgré la présence d'une bande riveraine conservée à l'état naturel.

NOTE JURIDIQUE

Selon la *Loi sur le développement durable* (art. 6 m), «les activités humaines doivent être respectueuses de la capacité de support des écosystèmes et en assurer la pérennité».

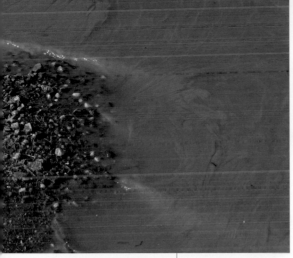

Une bonne connaissance du territoire et des règlements adéquats devraient permettre de minimiser l'apparition des fleurs d'eau d'algues bleues.

Seuil de sécurité

Des scientifiques affirment être en mesure d'établir une concentration maximale de phosphore au-delà de laquelle un lac est susceptible de subir une eutrophisation accélérée. Ce seuil doit être établi en tenant compte de cette concentration maximale à laquelle on ajoute un écart afin d'éviter de s'en approcher si des facteurs imprévus venaient faire fluctuer davantage la concentration de phosphore dans le lac.

Il faut donc revoir la façon de réglementer l'aménagement du territoire afin d'être en mesure de tenir compte de la capacité de support des écosystèmes que sont les lacs et cours d'eau. Pour ce faire, les règlements de zonage doivent reposer sur des «discriminants» qui permettent de véritablement protéger la qualité de ces écosystèmes. Ainsi, dans le cas des lacs, le phosphore est l'un de ces discriminants qui devraient absolument être pris en compte dans la réglementation municipale de zonage: le développement du territoire doit être intrinsèquement tributaire de la quantité de phosphore qui y est générée et apportée au lac. Dès lors que la concentration de phosphore s'approche du **seuil de sécurité**, il doit être possible de freiner, sinon arrêter complètement le développement du bassin-versant. Le développement pourrait ensuite être repris si on constate qu'il y a eu une diminution de la quantité de phosphore produite par les usages en cours dans le bassin-versant, notamment en raison de changements de technologies, abandon de certaines pratiques plus polluantes, diminution de l'intensité des usages, etc.

Pour ce faire, il faut absolument acquérir la nécessaire connaissance préalable du territoire à l'échelle du bassin-versant. Il est en effet pour le moins singulier qu'en vertu du régime actuel de protection de l'environnement, la construction de la moindre usine, destinée à s'implanter sur un territoire de quelques centaines de mètres carrés, déclenche bien souvent la procédure d'évaluation et d'examen des impacts environnementaux alors qu'un développement domiciliaire de plus de 500 unités autour d'un lac, sur une superficie de plusieurs hectares, n'est pas soumis à une telle procédure. On permet ainsi le développement d'immenses superficies du territoire du Québec méridional sans en connaître préalablement l'état, avec les conséquences que cela comporte. Inexorablement, toujours, on imperméabilise le territoire et on favorise le ruissellement vers les cours d'eau, augmentant du coup l'apport en phosphore dans les lacs et cours d'eau. Dès lors que la capacité de support de l'écosystème est dépassée, les problèmes d'algues bleues sont susceptibles de faire leur apparition tôt ou tard.

Tant que les règlements d'urbanisme municipaux ne seront pas modifiés afin de tenir compte de ces données essentielles, appliquées à l'échelle du bassin-versant on continuera à jouer à l'«apprenti sorcier» avec la qualité des lacs et cours d'eau. C'est pourquoi il devient urgent de revoir les façons de faire les règlements afin de tenir compte de la capacité de support des écosystèmes. Les lois gouvernant le monde municipal et l'aménagement du territoire permettent l'atteinte de ces résultats pour peu qu'on se donne la peine d'imaginer une nouvelle génération de règlements plus «intelligents» qui reposeraient sur les discriminants utiles et efficaces à la protection de la qualité de nos milieux de vie.

Il est urgent de revoir les façons de faire et de trouver des solutions plus environnementalement acceptables.

Redéfinir les droits acquis en matière d'environnement

Certains esprits chagrins, dérangés par toutes ces nouvelles mesures que les municipalités entreprennent d'adopter et de mettre en œuvre pour protéger la qualité des lacs et cours d'eau sur leur territoire, tentent de résister à l'application de ces nouveaux règlements en invoquant leurs «droits acquis» à l'aménagement plus ou moins artificiel de leur terrain en bordure des lacs et cours d'eau.

Qu'en est-il vraiment? Peut-on prétendre à des droits acquis pour justifier le maintien d'un aménagement paysager, au bord d'un lac, même si cet aménagement peut être une des causes du phénomène d'eutrophisation de ce lac?

Il existe une règle générale en droit de l'environnement selon laquelle il ne saurait y avoir de droits acquis à une situation qui pollue l'environnement.

Ainsi, comme on l'explique à la section *Le contrôle des installations septiques*, la jurisprudence affirme qu'il ne peut jamais y avoir de droits acquis à une installation septique qui pollue l'environnement. Cette question est donc entendue!

Mais qu'en est-il des bandes riveraines? Peut-on exiger la restauration d'une rive et, par le fait même, condamner des aménagements paysagers qui, bien qu'esthétiquement beaux, ne permettent pas à la bande riveraine de jouer son rôle de filtre naturel?

De plus en plus de voix s'élèvent pour affirmer qu'il n'y a pas de droits acquis en matière d'environnement.

La plupart des scientifiques s'accordent pour dire que les bandes riveraines artificialisées – par exemple, ce parterre de gazon bien entretenu qui descend jusqu'au muret de ciment sur le bord du lac – sont en fait des sources de sédimentation du lac et, par le fait même, de pollution pour les écosystèmes lacustres. De plus, de telles bandes riveraines artificialisées n'assument plus ce rôle de filtre naturel des contaminants qui ont alors la voie libre jusque dans l'eau du lac. Au contraire, bien souvent, elles sont une source accrue de contaminants en raison des engrais utilisés pour les entretenir. Dès lors, on ne saurait prétendre que ces types d'aménagements, puisqu'ils polluent l'environnement, sont protégés par droits acquis.

C'est pourquoi j'estime que les municipalités du Québec ont les pouvoirs nécessaires pour adopter des mesures réglementaires favorisant la végétalisation des bandes riveraines des lacs et cours d'eau situés sur leur territoire, et ce, sans que leurs citoyens puissent prétendre avoir droit au maintien d'aménagements non conformes en raison de droits acquis.

Préserver et favoriser la revégétalisation des bandes riveraines est maintenant une priorité.

En effet, puisque la *Politique de protection des rives, du littoral et des plaines inondables* énonce clairement l'importance de la protection des rives, on voit mal comment un tribunal pourrait nier à une municipalité, dans le contexte actuel de la prévalence accrue des algues bleues, le droit d'exiger, par réglementation, la restauration des rives des lacs et cours d'eau sur son territoire.

On peut ajouter à cela l'article 19 de la *Loi sur les compétences municipales* qui énonce que «*Toute municipalité locale peut adopter des règlements en matière d'environnement*» et l'article 6 de la même loi qui édicte que, dans l'exercice de ses compétences réglementaires, une municipalité peut adopter toute prohibition. Ces deux textes législatifs, ainsi que l'article 113 (12°) de la *Loi sur l'aménagement et l'urbanisme*, déjà cité, indiquent tous les pouvoirs dont disposent les municipalités du Québec pour adopter des règlements favorisant la restauration des bandes riveraines, la destruction des murets de pierres ou de ciment ou, du moins, leur recouvrement par de la végétation.

Par ailleurs, il faut comprendre que l'adoption d'un règlement municipal ne joue pas qu'un rôle coercitif. En fait, les règlements ont également une fonction pédagogique auprès des citoyens d'une municipalité et sont l'expression du «vivre ensemble», c'est-à-dire les règles qu'une collectivité adopte afin d'encadrer les interactions humaines sur son territoire, favorisant ainsi, notamment, «*le bien-être général de sa population*» (art. 85 L.C.M.).

L'adoption d'un règlement concernant la végétalisation des rives peut donc devenir, par exemple, le prétexte pour une municipalité d'entreprendre une campagne de sensibilisation de ses citoyens aux enjeux de la protection des lacs et des cours d'eau.

La *Loi sur les compétences municipales* : perspectives d'avenir

La *Loi sur les compétences municipales* est entrée en vigueur le 1er janvier 2006. Elle marque un changement de philosophie majeur et fondamental dans le monde municipal. Cette loi est ainsi rédigée qu'elle offre dorénavant de nouveaux pouvoirs aux municipalités afin que celles ci puissent répondre aux besoins divers et évolutifs de leurs concitoyens. Son article 2 édicte d'ailleurs que ses dispositions «*ne doivent pas s'interpréter de façon littérale ou restrictive*». Aussi, les possibilités qu'offre cette loi d'adopter de nouveaux règlements, particulièrement en matière de protection de l'environnement, n'ont pas encore été toutes imaginées.

Ci-après, j'en présente trois qui pourraient être adoptées par les municipalités du Québec.

Interdire la vente et l'utilisation de produits contenant des composés phosphatés

Le phosphore a particulièrement été montré du doigt ces derniers temps comme étant l'un des contaminants menaçant l'équilibre écologique des lacs et cours d'eau. Aussi, dans un effort concerté pour contrer l'eutrophisation des lacs de villégiature se trouvant sur leur territoire, plusieurs municipalités s'interrogent afin de savoir si elles disposent des pouvoirs nécessaires pour interdire la vente et l'utilisation de produits domestiques contenant du phosphore ou des composés phosphatés sur le territoire. On trouve en effet du phosphore ou des composés phosphatés notamment dans les engrais et fertilisants domestiques et dans les savons à lave-vaisselle. La question se pose avec autant plus d'acuité qu'il existe des alternatives sans phosphore à l'utilisation de ces produits.

Les villes peuvent réglementer l'utilisation des produits domestiques phosphatés sur leur territoire.

Cette question soulève des enjeux qui sont très similaires à ceux qui ont été débattus dans la désormais célèbre décision de la Cour suprême du Canada dans l'affaire *Spraytech*.

On se rappellera que, dans cette affaire, la Ville de Hudson avait entrepris d'interdire l'utilisation de pesticides à des fins esthétiques sur son territoire. Le règlement municipal fut vivement contesté par les compagnies d'entretien de gazon, dont la compagnie *Spraytech*. Ces compagnies prétendaient, entre autres, que la Ville de Hudson ne disposait pas des pouvoirs nécessaires pour réglementer l'usage des pesticides sur son territoire puisqu'une telle mesure relevait de la compétence de la province ou du gouvernement fédéral.

Référant au **principe de subsidiarité** et au **principe de précaution**, la Cour suprême en est venue à la conclusion que la santé des citoyens qui pourraient être affectés à la suite de l'épandage de pesticides à des fins esthétiques relevait du rôle des municipalités, notamment en raison de la proximité entre les municipalités et leurs citoyens. Par conséquent, les municipalités devaient être habilitées à agir en cette matière.

Le raisonnement, qui fut appliqué dans l'affaire *Spraytech*, apparaît aujourd'hui tout aussi valable en matière de protection des lacs et cours d'eau contre les effets de l'eutrophisation accélérée engendrés par des concentrations trop élevées de phosphore dans l'eau.

En fait, il n'y a pas si longtemps, on se préoccupait peu de l'effet du phosphore que l'on trouve dans les savons à lave-vaisselle et dans les engrais et fertilisants domestiques sur l'écologie des lacs et cours d'eau. On comprend davantage maintenant les effets de ces composés, notamment quant à leur incidence sur la prolifération des algues bleues. Aussi, une grande partie de la population est plus sensible au genre d'environnement dans lequel elle désire vivre et à la qualité de vie qu'elle veut procurer à ses enfants.

La décision de la Cour suprême dans l'affaire *Spraytech* a certainement ouvert la voie afin que les municipalités puissent jouer un rôle accru en matière de protection de l'environnement, particulièrement quant aux enjeux qui concernent directement la santé et le bien-être général de leur

Principe de subsidiarité

Ce principe veut que le niveau de gouvernement le mieux placé pour adopter et mettre en œuvre des législations soit habilité à le faire, non seulement sur le plan de l'efficacité, mais également parce qu'il est le plus proche des citoyens touchés et, par conséquent, le plus sensible à leurs besoins, aux particularités locales et à la diversité de la population. Ce principe est particulièrement pertinent pour les municipalités.

Principe de précaution

Selon la Loi sur le développement durable (art. 2 j)), ce principe veut que lorsqu'il y a un risque de dommage grave ou irréversible, l'absence de certitude scientifique complète ne doit pas servir de prétexte pour remettre à plus tard l'adoption de mesures effectives visant à prévenir une dégradation de l'environnement.

population. La lutte contre l'eutrophisation des lacs et cours d'eau s'inscrit certainement dans ces objectifs relevant des compétences municipales.

Aussi, dans l'exercice des pouvoirs que leur confère dorénavant la *Loi sur les compétences municipales* en matière d'environnement (art. 4 et 19 L.C.M.) et également en matière de nuisances (art. 4 et 59 L.C.M.), il semble bien que les municipalités du Québec peuvent légitimement élaborer et adopter un règlement interdisant la vente et l'utilisation de produits domestiques contenant du phosphore ou des composés phosphatés sur leur territoire. De plus, la situation critique de certains lacs au Québec semble militer en faveur d'une intervention accrue et efficace des municipalités sur leur propre territoire. C'est là l'essence du principe de subsidiarité et on dispose certainement des éléments scientifiques et factuels justifiant une telle intervention réglementaire de la part des municipalités.

Il faut rappeler, en ce sens, que l'article 6 de la *Loi sur les compétences municipales* permet dorénavant à une municipalité d'adopter toute prohibition dans les champs de compétences énumérés à l'article 4, donc en matière de protection de l'environnement.

*Si on ne veut pas assister
à une dégradation des lacs
notamment à cause de la prolifération
des algues et des plantes aquatiques,
il faut respecter
le principe de précaution.*

Interdit... en 2010

Le 13 décembre 2007, alors que la préparation du présent ouvrage s'achevait, la ministre du Développement durable, de l'Environnement et des Parcs, Madame Line Beauchamp, publiait le projet de *Règlement portant interdiction de vente de certains détergents à vaisselle* par lequel elle propose d'interdire à compter du 1er juillet 2010 (art. 3) : « [...] *de mettre en vente, vendre, distribuer ou mettre autrement à la disposition des consommateurs un détergent à vaisselle :*

1° contenant 0,5 % ou plus de phosphore en poids ;

2° dont l'emballage n'indique pas le pourcentage en poids de la teneur en phosphore du produit.

La teneur en phosphore est déterminée par un laboratoire accrédité par le ministre du Développement durable, de l'Environnement et des Parcs en vertu de l'article 118.6 de la Loi sur la qualité de l'environnement *(L.R.Q., c. Q-2) ou, lorsque le détergent est fabriqué à l'extérieur du Québec, par un laboratoire reconnu par une autorité compétente en la matière.* »

Le projet de règlement, qui ne contient que cinq articles, ne concerne que les détergents à vaisselle.

L'adoption prochaine de ce règlement par le gouvernement, si elle est souhaitable pour l'ensemble du Québec, n'empêcherait probablement pas les municipalités d'adopter leur propre règlement portant sur d'autres produits contenant des composés phosphatés, notamment les engrais et fertilisants horticoles. En attendant juillet 2010, un règlement municipal sur les détergents à vaisselle aurait l'avantage de s'appliquer localement dès son adoption par la municipalité.

De plus, la *Loi sur les compétences municipales* ajoute que dans ses domaines de compétences, une municipalité peut adopter toute mesure non réglementaire utile à leur exercice. Cela constitue une possibilité supplémentaire, pour les municipalités du Québec d'agir en faveur d'un contrôle de la vente et l'utilisation de produits domestiques contenant des composés phosphatés sur leur territoire tout en adoptant des mesures de sensibilisation et d'information de leurs citoyens. Dans cette optique, tel que mentionné précédemment, le règlement municipal devient un outil utile à partir duquel une municipalité peut construire une campagne de sensibilisation de ses citoyens.

Exiger la pose d'installations septiques plus performantes

Des voix s'élèvent de plus en plus pour remettre en question l'efficacité des installations septiques existantes actuellement, même si celles-ci sont en conformité avec le *Règlement sur l'évacuation et le traitement des eaux usées dans les résidences isolées*. En effet, la majorité des installations septiques dont sont dotées les résidences secondaires au Québec sont actuellement constituées d'un traitement primaire – une fosse septique qui recueille les boues – et d'un traitement secondaire – un champ d'épuration qui filtre les effluents qui sortent de la fosse septique. Ce type d'installation septique semble cependant s'avérer déficient pour capter les composés phosphatés et empêcher leur percolation vers les lacs et cours d'eau.

La municipalité a le droit d'exiger la pose d'installations septiques performantes.

Le principe est simple: les composés phosphatés, contrairement aux fèces et autres matières solides, demeurent en solution dans les eaux usées qui sont évacuées de la fosse septique. Plus on utilise d'eau, plus d'effluents sont ainsi générés et évacués vers le champ d'épuration. Ainsi, graduellement, le champ d'épuration perd de son efficacité et laisse ainsi une plus grande quantité de composés phosphatés percoler vers le lac ou le cours d'eau.

Certaines technologies permettent de capter les composés phosphatés et empêchent ainsi qu'ils aboutissent dans l'eau des lacs et cours d'eau. Les normes réglementaires actuelles n'exigent cependant pas de recourir à ces technologies de sorte qu'on est en droit de s'interroger sur l'efficacité de ces normes pour prévenir véritablement l'eutrophisation des lacs et cours d'eau en raison de l'augmentation de la concentration de phosphore dans l'eau.

Devant ces faits, une municipalité pourrait-elle exiger la pose d'installations septiques plus performantes, malgré la conformité des installations existantes au *Règlement sur les installations septiques*?

Il appert vraisemblablement que les municipalités pourraient en effet exiger que soient posées sur leur territoire des installations septiques plus performantes que celles normalement requises par le règlement provincial, non seulement pour les nouvelles constructions, mais également pour celles déjà existantes.

En fait, il s'agit simplement de s'assurer que l'occupation du territoire ne constitue pas un tribut prélevé imperceptiblement sur la qualité de l'environnement des générations futures. S'il est démontré que les installations septiques actuelles n'empêchent pas la dégradation des lacs et des cours d'eau, le devoir d'équité intergénérationnelle exige que soient posés dès maintenant les gestes qui permettent de corriger cette situation. Ainsi, il pourrait être approprié d'assortir cette obligation de « bonification » des installations septiques existantes d'un délai, par exemple de cinq ans, au terme duquel toutes les installations septiques devraient avoir été remplacées par un système plus performant. Je pense cependant qu'il devient de plus en plus urgent d'agir dès maintenant afin que ces situations soient corrigées dans un avenir prévisible.

Prévoir des mesures d'aide financière

Évidemment, l'adoption et la mise en œuvre d'un nouveau cadre réglementaire municipal, par lequel la protection des lacs et cours d'eau serait efficacement assurée, exigeraient des investissements qui, pour certains citoyens, pourraient s'avérer considérables, sinon carrément exorbitants.

Les municipalités ont cependant maintenant la possibilité de mettre sur pied des mesures d'aide financière en matière d'environnement.

Fiducie d'utilité sociale

Fiducie constituée dans un but d'intérêt général, notamment à caractère culturel, éducatif, philanthropique, religieux ou scientifique. Elle n'a pas pour objet essentiel de réaliser un bénéfice ni d'exploiter une entreprise (art. 1270 C.c.Q.).

En effet, l'article 20 de la *Loi sur les compétences municipales* prévoit qu'une municipalité peut pourvoir à la création d'une **fiducie d'utilité sociale**, constituée à des fins environnementales. Le deuxième alinéa de l'article 92 L.C.M. prévoit ensuite : « *Toute municipalité locale peut, par règlement, adopter un programme de réhabilitation de l'environnement et accorder une subvention pour des travaux relatifs à un immeuble conforme à ce programme. Le montant de cette subvention ne peut excéder le coût réel des travaux. La municipalité peut, avec le consentement du propriétaire, exécuter sur un immeuble tous travaux requis dans le cadre d'un tel programme.* »

C'est donc dire que la *Loi sur les compétences municipales* offre maintenant la possibilité de se doter d'un programme d'aide financière en environnement, par le biais de la création d'une fiducie d'utilité sociale.

La mise sur pied d'un tel programme d'aide et d'une fiducie d'utilité sociale en matière d'environnement m'apparaît être un gage de succès des initiatives environnementales qu'une municipalité pourrait décider d'entreprendre maintenant et dans le futur. La création de telles fiducies doit être encouragée.

On doit ajouter à cela que plusieurs municipalités ont maintenant entrepris de consacrer une partie de leurs taxes foncières à la création de *fonds verts*, lesquels pourront justement être utilisés au besoin pour permettre des interventions ciblées en matière environnementale.

Les municipalités peuvent se doter de programmes d'aide financière en environnement pour réhabiliter des milieux naturels dégradés.

Le pouvoir des citoyens

Enfin, le citoyen ! Dernier en liste, mais non le moindre ! On pourrait croire que les citoyens n'ont que peu à dire ou à faire en matière de protection des lacs et des cours d'eau, l'initiative des moyens reposant principalement entre les mains des municipalités et du gouvernement provincial. Cependant, il n'en est rien. Les citoyens peuvent, et doivent, jouer un rôle important, individuellement, en se souciant de l'aménagement de leur terrain, ou collectivement, en se regroupant au sein d'associations de propriétaires ou de protection des lacs. Chaque citoyen dispose également d'un droit à un environnement de qualité comme prévu par les articles 19.1 de la *Loi sur la qualité de l'environnement* et 46.1 de la *Charte des droits et libertés de la personne*.

Le droit à la qualité de l'environnement

L'article 19.1 de la *Loi sur la qualité de l'environnement* donne à chaque citoyen du Québec le droit «*à la qualité de l'environnement, à sa protection et à la sauvegarde des espèces vivantes qui y habitent*». L'article 19.2 de la loi octroie, pour sa part, un pouvoir d'injonction à chaque citoyen afin d'«*empêcher tout acte ou toute opération qui porte atteinte ou est susceptible de porter atteinte*» à son droit à la qualité de l'environnement. Enfin, l'article 19.3 L.Q.E. confère ce droit à «*toute personne physique domiciliée au Québec qui fréquente un lieu à l'égard duquel une contravention à la présente loi ou aux règlements est alléguée ou le voisinage immédiat de ce lieu*». Les municipalités peuvent elles aussi exercer ces droits.

Chaque citoyen du Québec a droit à la qualité de l'environnement, à sa protection et à la sauvegarde des espèces vivantes qui y habitent.

Depuis 2006, ce droit à la qualité de l'environnement est complété par l'article 46.1 de la *Charte des droits et libertés de la personne* selon lequel «[...] *toute personne a droit, dans la mesure et suivant les normes prévues par la loi, de vivre dans un environnement sain et respectueux de la biodiversité*».

Ces différentes dispositions législatives permettent ainsi à tout citoyen du Québec, qui fréquente un lieu où il constate qu'il y a une atteinte à la qualité de l'environnement, de saisir un tribunal pour que cesse cette atteinte. C'est ce qu'on appelle un recours en «injonction». Ce type de recours demande au tribunal d'ordonner à quelqu'un de faire ou de cesser de faire quelque chose. L'injonction peut même obliger le contrevenant à remettre les lieux dans leur état original.

Par conséquent, tout citoyen qui constate une contravention aux normes de protection des rives, du littoral ou des plaines inondables, ou aux normes concernant les installations septiques, peut, de son propre chef, agir en justice pour faire corriger la situation irrégulière.

Évidemment, pour ce faire, il faut bien documenter son dossier. Notamment, il sera approprié de posséder des photos de la situation antérieure (on comprend qu'il faut donc photographier le territoire que l'on fréquente avant que les problèmes ne surviennent!) et de la situation après la contravention aux normes environnementales, prendre des notes de ce qui est observé, par exemple, des rejets dans l'eau, noter à qui l'on parle et ce qui nous est répondu, etc.

La recherche de consensus collectifs

En matière d'environnement, il est utile de rechercher le consensus.

Si, individuellement, chaque citoyen du Québec dispose d'un droit à un environnement de qualité et qu'il peut agir pour faire cesser et corriger une situation illégale, les enjeux soulevés par la protection des lacs et des cours d'eau incitent par ailleurs à retrouver le sens de la communauté.

Biens collectifs, les lacs et cours d'eau, exigent de leurs usagers qu'ils se soucient des effets de leurs actions sur la qualité du plan d'eau dont ils partagent l'usage avec leurs voisins. Ainsi, l'abus de l'un entraîne une perte pour tous. Le phénomène des algues bleues ne saurait mieux illustrer cette réalité. Parce que certains ont artificialisé les rives de leur terrain, tous subissent la dégradation du lac lorsque les algues bleues apparaissent. Aussi, de plus en plus de

propriétaires riverains redécouvrent le sens de la communauté autour du lac où ils résident.

Il ressort en effet que la protection des lacs et des cours d'eau exige l'engagement collectif de tous afin d'atteindre des résultats probants: les initiatives isolées sont toujours bienvenues, mais elles ne sauraient remplacer les bénéfices d'une action concertée.

Les membres d'une association de lac peuvent être tous les usagers du lac, mais également, si cela est prévu au moment de la création, tous ceux qui habitent ou qui travaillent dans le bassin-versant.

La création d'une association de lac

La création d'une association de lac représente un moyen privilégié et efficace de regrouper la communauté des usagers d'un lac autour d'objectifs communs. On assiste actuellement à une multiplication de ces associations au Québec, signe d'une prise de conscience collective de la fragilité des lacs et cours d'eau, mais aussi de la richesse qu'ils représentent.

Ainsi, on peut lire dans *Prendre son lac en main – Guide d'élaboration d'un plan directeur de bassin-versant de lac et adoption de bonnes pratiques* (Direction des politiques de l'eau du MDDEP, été 2007): «*Les associations de lac représentent des voix privilégiées, capables de signaler les problèmes et les menaces que subissent les lacs, puisqu'elles émergent de citoyens sensibilisés, intéressés et convaincus qui habitent les rives et le bassin-versant du lac. Le pouvoir d'information et d'éducation s'en trouve renforcé et devient plus crédible qu'une démarche individuelle. Par conséquent, l'association de lac et les regroupements d'associations deviennent des interlocuteurs importants des municipalités, des MRC, des ministères et d'autres organismes.*»

L'adoption d'une charte du lac

L'adoption d'une charte du lac représente un autre moyen de cristalliser le consensus social autour d'un lac. Un tel document est généralement adopté par l'association de protection du lac. Tous les usagers du lac sont ensuite invités à y adhérer. Cela ne constitue ni plus ni moins qu'un contrat social que les usagers du lac acceptent volontairement de respecter.

CHARTE DE LAC

On trouvera un exemple de charte de lac dans le livre *Protéger et restaurer les lacs* chez le même éditeur et sur le site du MDDEP.

La charte du lac énonce les principes concernant la bonne gestion du lac, le respect de la qualité de vie de ses résidants et propose parfois un code de conduite. Le site du MDDEP propose ainsi un exemple de charte de lac avec une série d'actions que les usagers du lac sont invités à respecter. Une charte du lac pourrait, par exemple, aborder la question de la protection ou de la restauration des rives, de la conduite des bateaux ou traiter du souci de protéger la qualité de l'environnement.

La charte du lac permet de favoriser les actions qui mènent à la protection du lac.

Les éléments d'une charte des lacs deviennent autant d'actions ou de gestes concrets qui peuvent contribuer à l'amélioration de la qualité de l'écosystème d'un lac ou en favoriser la protection. Elle devient ainsi également un moyen de sensibilisation des usagers du lac et un rappel des enjeux quant à sa protection.

Les membres de l'*Association des propriétaires du lac Caché,* dans la municipalité de La Macaza dans les Laurentides, ont récemment convenu d'établir une «zone de loisir» pour les embarcations motorisées dans une partie plus isolée du lac. De cette façon, l'association désire favoriser une meilleure cohabitation entre les amateurs de bateaux et les autres utilisateurs du lac.

L'*Association de protection du lac Hénault,* à Mandeville dans Lanaudière, a pour sa part instauré une journée sans bateau à moteur qui, semble-t-il, est bien respectée par l'ensemble des usagers du lac.

Ce sont là des exemples d'initiatives qui peuvent être prises par les associations de lacs afin de protéger la qualité de ceux-ci et favoriser une plus grande harmonie dans la collectivité des usagers de ces lacs.

La prise en charge de l'environnement par les groupes de citoyens

Depuis quelque temps, on assiste à l'émergence d'organismes de conservation qui participent concrètement et directement à la protection des milieux naturels dans leur région d'activité.

En effet, depuis quelques années, de plus en plus de citoyens décident de prendre la responsabilité, de façon volontaire, de conserver les milieux naturels qu'ils fréquentent ou qui se trouvent près d'où ils habitent. Ces citoyens innovent et développent de nouvelles avenues pour protéger les milieux naturels se trouvant sur des propriétés privées, travaillant ainsi directement et concrètement à la sauvegarde des milieux naturels qui contribuent à leur qualité de vie.

Regroupés au sein d'organismes de conservation, ces citoyens participent directement à la conservation de ces milieux par la réalisation de projets d'intendance privée, aussi parfois appelée conservation volontaire. Des citoyens et des propriétaires fonciers participent ainsi activement et concrètement à la conservation des milieux naturels et à la protection de la qualité de leur environnement dans leur région et leur communauté, parfois en complémentarité avec les actions de l'État et des municipalités. Ces groupes sont le signe d'un mouvement distinct au sein des collectivités, mouvement qui repose sur la prise en main d'une communauté par elle-même.

LES ASSOCIATIONS DE LAC AUSSI!

Une association de lac peut jouer le rôle d'un organisme de conservation si ses statuts constitutifs lui octroient de tels pouvoirs. L'association doit en fait pouvoir détenir des biens immobiliers.

Dans un contexte de protection des milieux naturels à l'échelle d'un bassin-versant, les mécanismes d'« intendance privée » peuvent s'avérer fort utiles.

*Un nombre grandissant
de citoyens se mobilisent
pour conserver
les milieux naturels.*

L'intendance privée résulte de l'engagement volontaire d'une personne, un propriétaire foncier, avec ou sans l'aide d'un organisme de conservation, à conserver un milieu naturel.

L'intendance privée

Dérivée de l'expression américaine «*private stewardship*», l'intendance privée résulte de l'engagement volontaire d'une personne, un propriétaire foncier, avec ou sans l'aide d'un organisme de conservation, à conserver une forêt, un marais, une tourbière, des espèces animales ou végétales menacées ou vulnérables, ou toute autre caractéristique patrimoniale se trouvant sur sa propriété et dont la conservation présente un intérêt pour la collectivité.

Par l'intendance privée, chaque propriétaire foncier et chaque citoyen possèdent le pouvoir de poser des gestes concrets en faveur de la conservation des milieux naturels et peuvent s'engager à protéger la qualité de leur milieu de vie. En fait, le succès des projets de conservation volontaire repose essentiellement sur l'engagement des propriétaires fonciers et des organismes de conservation qui œuvrent dans une région ou une communauté.

La conservation est un concept à ce point vaste qu'il permet, entre autres, d'y intégrer dans un milieu ou une région :

- la protection ;
- l'entretien ;
- l'amélioration ;
- l'aménagement à des fins fauniques ;
- l'utilisation et la gestion des ressources de manière durable ;
- la restauration de milieux naturels ;
- la mise en valeur pour le public des caractéristiques patrimoniales :
  - écologiques, fauniques, floristiques ;
  - géologiques, géomorphologiques, topographiques, hydrologiques ;
  - paysagères, esthétiques ;
  - architecturales, historiques, culturelles, archéologiques.

L'entente de conservation

L'entente de conservation est le moyen par lequel un propriétaire foncier et un organisme de conservation s'entendent pour assurer volontairement la conservation des attraits naturels que l'on trouve sur la propriété.

Une entente de conservation est essentiellement un contrat par lequel le propriétaire s'engage à conserver les milieux naturels de sa propriété selon certaines règles précises, en collaboration avec un organisme de conservation.

Cette entente s'adapte en fonction de la volonté du propriétaire, de ses intérêts et de la mission de l'organisme de conservation. Ainsi, toute entente de conservation est unique et résulte de la volonté du propriétaire, des caractéristiques patrimoniales à protéger et des objectifs de l'organisme.

Exemples d'ententes de conservation

Une entente peut avoir une durée limitée dans le temps ou être perpétuelle. Il existe diverses formes d'ententes de conservation.

L'entente de conservation peut prendre plusieurs formes.

- LA DÉCLARATION D'INTENTION. C'est un engagement moral, sans effet juridique, par lequel un propriétaire manifeste le souhait de conserver les attraits naturels de sa propriété.

- L'ENTENTE DE GESTION, D'AMÉNAGEMENT ET DE MISE EN VALEUR. C'est un contrat par lequel un propriétaire et un organisme de conservation s'engagent à collaborer pour gérer, aménager et mettre en valeur les attraits naturels d'une propriété.

- LE CONTRAT DE LOUAGE OU BAIL. C'est un contrat par lequel un terrain est loué à un organisme de conservation, à un producteur agricole ou forestier pendant un nombre déterminé d'années, sous réserve des restrictions quant à son utilisation.

*La nature offre
des spectacles tout à fait
uniques… qu'il faut
absolument conserver.*

- **LA CONVENTION ENTRE PROPRIÉTAIRES.** Il s'agit d'une entente entre un groupe de propriétaires quant à l'utilisation qu'ils peuvent faire de leurs terrains. Cette entente peut être conclue sans la participation d'un organisme de conservation.

- **LA SERVITUDE DE CONSERVATION.** C'est un contrat conclu entre un propriétaire et un organisme de conservation par lequel le propriétaire renonce à faire chez lui des activités dommageables pour l'environnement ou par lequel le propriétaire permet à l'organisme d'utiliser son terrain pour y faire certaines activités.

- **LA DONATION.** Il s'agit d'un acte par lequel un propriétaire fait le don de sa propriété à un organisme de conservation qui s'engage à en protéger les attraits naturels à perpétuité. La donation peut être faite du vivant du propriétaire ou par testament. Il est également possible de faire le don d'une servitude de conservation. En certains cas, la donation d'une propriété ou d'une servitude peut donner lieu à des avantages fiscaux pour le propriétaire foncier.

- **LA VENTE.** Dans ce cas, c'est un contrat par lequel un organisme de conservation achète une propriété afin d'y protéger les attraits naturels pour la pérennité. Il est également possible d'acheter une servitude.

- **LA RÉSERVE NATURELLE.** C'est une reconnaissance découlant de la *Loi sur la conservation du patrimoine naturel* par laquelle le ministre de l'Environnement désigne une propriété privée comme étant une réserve naturelle. La protection des attraits naturels de la propriété est assurée sur la base d'une entente de conservation conclue entre le propriétaire et le ministre ou entre ce propriétaire et un organisme de conservation et approuvée par le ministre.

Municipalités et organismes citoyens : un partenariat efficace

De plus en plus de municipalités, répondant en cela aux demandes de leurs citoyens, désirent s'engager dans des projets de conservation des milieux naturels situés sur leur territoire ou dans la protection des lacs et cours d'eau.

Aussi, une collaboration accrue et le développement de partenariats entre les autorités municipales et les organismes de conservation ou les associations de protection de lacs sont certainement souhaitables afin de favoriser le succès et la pérennité des actions de protection de l'environnement, soit par la conservation de milieux naturels ou par l'adoption de mesures de protection des lacs et cours d'eau.

L'époque des affrontements stériles entre les administrations municipales et les groupes de citoyens me semble en effet bel et bien révolue. L'heure est maintenant à la collaboration et à la recherche de partenariats. Les lacs et les cours d'eau sont des biens collectifs. De ce fait, il n'appartient pas à la municipalité d'en assumer seule la gestion et la protection. C'est toute la collectivité des usagers qui est interpellée. La préservation de ces milieux de vie extraordinaires exige qu'on relève le défi de leur protection maintenant et au bénéfice de ceux qui viendront après nous.

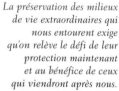

La préservation des milieux de vie extraordinaires qui nous entourent exige qu'on relève le défi de leur protection maintenant et au bénéfice de ceux qui viendront après nous.

Après tout, nous ne sommes que les gardiens de ces lacs et cours d'eau qui nous sont confiés par nos enfants. À nous d'être à la hauteur de la confiance que les générations futures nous témoignent…

Les auteurs

ROBERT LAPALME, M. Sc. M.A., M.Env.

Robert Lapalme est détenteur d'une maîtrise en administration et en gestion de l'environnement. Il est spécialisé en écologie aquatique et en épuration des eaux. Son parcours professionnel en environnement a commencé au milieu des années quatre-vingt par la production de plantes aquatiques pour l'épuration des eaux usées.

Il a enseigné la gestion de l'eau à l'Université de Sherbrooke. À travers son entreprise Envirolac, il agit à titre de consultant auprès des grandes corporations, des municipalités et des associations de gestion de lac. Il travaille depuis 2006 sur la conception de marais filtrants en Chine notamment et sur le développement de nouveaux produits filtrants pour le compte de la firme québécoise HG Environnement.

Il est l'auteur de *Protéger et restaurer les lacs* (chez Bertrand Dumont éditeur) qui a connu un vif succès. Sa première carrière en éducation et en administration, jumelée à son expérience des 20 dernières années, lui permet aujourd'hui de présenter une démarche structurée qui favorise une gestion participative de la population pour tout ce qui a trait aux bassins-versants et aux lacs.

MICHÈLE DE SÈVE, Ph. D.

Michèle De Sève est détentrice d'une maîtrise en limnologie, d'un doctorat en océanographie et d'un postdoctorat en paléocéanographie. Elle est aussi spécialiste en écologie et en taxonomie des algues.

Elle est présidente de M.A. De Sève Consultants qui œuvre dans le domaine de la consultation en environnement aquatique depuis près de 20 ans. À ce titre, elle a dirigé de nombreux projets et études sur les algues des milieux d'eau douce, estuariens et marins, en relation avec la pollution, les projets hydroélectriques, les changements climatiques, etc.

Elle a, de plus, développé une expertise dans l'étude des paléoclimats et des paléoenvironnements, et de leurs effets sur les communautés d'algues. Elle travaille en collaboration avec les universités, les organismes gouvernementaux et l'entreprise privée. Elle a publié de nombreux articles, qui servent souvent de références, dans des revues spécialisées et a participé, à titre d'organisatrice et de conférencière, à de nombreux congrès internationaux.

Mᴱ JEAN-FRANÇOIS GIRARD, B. Sc. BIOLOGIE, LL.B.

Biologiste et avocat spécialisé en droit de l'environnement et en droit municipal, Jean-François Girard pratique au sein de Dufresne Hébert Comeau, un cabinet d'avocats spécialisé en droit municipal. Depuis 2002, il y offre une expertise particulière aux municipalités qui désirent relever les défis du développement durable et de la protection de l'environnement au bénéfice de leurs citoyens.

Mᵉ Girard est également président du conseil d'administration du Centre québécois du droit de l'environnement (CQDE). Il y fut employé, responsable du secteur Conservation et biodiversité, de septembre 1998 à janvier 2002. En plus de publier des articles dans des revues spécialisées, il présente régulièrement des conférences et des séminaires de formation aux élus et aux groupes de citoyens dans les domaines du droit et de l'environnement. Mᵉ Girard a présenté, à plus d'une trentaine de reprises depuis le printemps 2006, sa conférence «*La protection des lacs et des cours d'eau : rôles et responsabilités des municipalités et des citoyens*».

DANIEL LEFEBVRE, ARCH. PAYS.

Diplômé de l'École d'architecture de paysage de l'Université de Montréal, M. Lefebvre entreprend sa carrière aux États-Unis. Il fonde rapidement sa propre firme en 1989, avec Michel Rousseau, pour réaliser des projets qui savent se démarquer, alliant le design et l'environnement. Avec la création du Groupe Rousseau Lefebvre en 2000, les projets sont désormais de plus grande envergure et l'approche écosystémique développée par l'entreprise exige le développement d'une expertise au niveau de l'aménagement environnemental et des méthodes de drainage alternatives.

Il dirige la mise en place de plans de développement intégré, des études de protection, de mise en valeur ou de restauration de milieux naturels et plusieurs interventions en milieu riverain.

Coauteur avec Michel Rousseau, il a participé à l'écriture de plusieurs livres, guides et à la rédaction d'articles pour plusieurs revues en aménagement. M. Lefebvre a également été chroniqueur à l'émission *Fleurs et Jardins* pendant quelques années. Il s'intéresse beaucoup à la pérennité des aménagements à travers la création d'espaces originaux, vivants et intégrés.

FRANÇOIS LEGARÉ, ING. F.

François Legaré détient un baccalauréat en génie forestier de l'Université Laval et il est membre de l'Ordre des ingénieurs forestiers du Québec (OIFQ). Il travaille comme expert-conseil en foresterie depuis plus de 25 ans. Son expertise professionnelle a débuté dans le domaine de la foresterie urbaine. De l'évaluation de l'état et de la valeur des arbres ornementaux, il a graduellement étendu son champ d'action aux boisés, aux milieux humides et aux paysages.

Avec le bureau Daniel Arbour & Associés, il dirige des équipes multidisciplinaires qui caractérisent l'ensemble des facettes environnementales des sites. Il élabore des programmes de conservation et de réhabilitation ainsi que les mesures de mitigation d'impacts des projets.

François Legaré s'occupe aussi de la mise en œuvre sur le terrain des solutions proposées. Son action porte aussi sur l'élaboration d'outils réglementaires. Sa pratique l'amène régulièrement à agir comme témoin expert devant les tribunaux.

JACQUES NAULT, M. Sc., AGRONOME

Jacques Nault est détenteur d'un baccalauréat et d'une maîtrise en science agronomique de l'Université McGill (Campus MacDonald). Il est agronome depuis 1984.

Considéré comme un spécialiste de la fertilisation des sols et des cultures, il a donné entre 1994 et 2001, à titre d'enseignant pigiste, des cours de fertilisation et de gestion des sols et des cultures dans plusieurs institutions d'enseignement dont l'Université McGill, l'ITA de Saint-Hyacinthe et le Cégep de Saint-Jean-sur-Richelieu.

Il a aussi rédigé deux cours dont un sur la préparation des plans agroenvironnementaux de fertilisation (PAEF) et l'autre sur la description d'une approche globale dans la gestion d'une ferme. Il a supervisé deux projets importants, dont un sur l'érosion des sols et l'autre sur le travail du sol. La finalité de ces deux projets fut la rédaction de trois guides sur le contrôle de l'érosion des sols et sur le travail du sol.

Sa passion reste le travail auprès des agriculteurs. Sa plus grande réalisation est la mise sur pied de Logiag inc., et de sa compagnie affiliée américaine, qui offrent des services en agroenvironnement partout au Québec, en Ontario et dans plusieurs États américains, services qui sont utilisés par plus de 2 000 agriculteurs.

MICHEL PRINCE, ING., MBA

Michel Prince est diplômé de l'Université Concordia en génie civil et possède un MBA spécialisé en Villes et Métropoles de l'ESG de l'UQAM.

Durant ses emplois d'étudiant, il effectue des travaux de caractérisation des eaux, mesures de débit et de suivi de la qualité de l'eau dans une usine de filtration. Ces premiers emplois font naître en lui la passion de l'eau.

Il s'intéresse ensuite à la conception des réseaux de services municipaux (égout sanitaire, pluvial et aqueduc) et des aménagements extérieurs de magasins à grande surface. Il conçoit ses premiers bassins de rétention et apprend les rudiments de la rétention pluviale. Il parvient, après quelque temps, à concevoir et à proposer des systèmes de rétention de surface simples, efficaces et économiques.

Par la suite, il dirige des équipes techniques d'ingénierie et s'intéresse particulièrement aux problèmes reliés à la gestion des eaux de ruissellement en milieu urbain, tant au niveau de la quantité que de la qualité des eaux rejetées. Il se passionne pour l'environnement et l'ingénierie écologique.

Il a enseigné la gestion de la construction au Collège Montmorency et donne des formations-conférences en gestion des eaux de ruissellement en milieu urbain à l'ITA de Saint-Hyacinthe et à l'Université de Sherbrooke. Il répond ainsi à sa mission : transmettre la passion de l'eau.

MICHEL ROUSSEAU, ARCH. PAYS.

M. Rousseau, architecte paysagiste de formation, est diplômé de l'Université de Montréal. Au début de sa pratique, il œuvre pour de nombreux bureaux. Déçu du peu d'importance accordée à l'environnement et animé d'une volonté de changer les choses, en 1989, il fonde sa propre firme avec Daniel Lefebvre. En 2000, le Groupe Rousseau Lefebvre est créé et constitue dorénavant une firme pluridisciplinaire regroupant des urbanistes, des architectes paysagistes et des biologistes.

Apôtre du développement durable depuis le début du mouvement, M. Rousseau planifie tous ses projets en conjuguant les aspects environnementaux, économiques et sociaux en présence. Sa pratique se caractérise par sa passion à créer des projets parfaitement intégrés aux milieux naturels et humains.

Il a réalisé, avec son associé, plusieurs livres et guides et collaboré à des revues en aménagement. Engagé au sein de plusieurs organismes du domaine de l'environnement et de la santé au travers des années, M. Rousseau croit à la mobilisation collective pour améliorer un environnement que tous empruntent, mais que personne ne possède.

Références bibliographiques

LE LECTEUR TROUVERA LES RÉFÉRENCES BIBLIOGRAPHIQUES PROPOSÉES PAR CHAQUE AUTEUR SUR LE SITE INTERNET : WWW.SOLUTIONS-ALGUES-BLEUES.COM

Index

Accès 17, 121, 123
Action 40
Agricole 29, 35, 71, 162
Agriculture 25
Agroenvironnement . . . . . 171, 175, ... 185, 251
Allée véhiculaire 88
Aménagement forestier 200
Anabaena circinalis 64
Anabaena flos-aquae 64
Analyse 66, 77
Angle de repos 119
Anthropique 27, 38
Aphanizomenon flos-aquae 64
Arbre 120, 190, 198
Artificialisation 118
Asphalte 88
Association . 12, 17, 40, 48, 52, 53, ... 242
Autotrophe 58
Azote . . . 10, 31, 37, 161, 165, 194
Baissière 154, 155
Bande d'interception 97, 98
Bande filtrante . . 51, 104, 154, 155
Bande riveraine . 10, 11, 17, 19, 25, ... 30, 39, 77, 80, 115, 179, ... 187, 188, 223, 225, 226, ... 227, 228, 231
Bande tampon 22
Baril 16, 86
Barrage 46
Barrière à sédiments . . . 11, 20, 147
Bassin de rétention . 105, 106, 115, ... 133, 152
Bassin d'orages 149
Bassin-versant . . . . . . 9, 11, 12, 13, ... 14, 18, 21, 25, 26, 28, 30, ... 34, 35, 38, 40, 41, 43, 44, ... 46, 47, 74, 75, 83, 132, ... 138, 187, 188, 189

Bateau 17, 49, 214, 215
Bâtiment 2, 163, 164
Benthique 58
Béton bitumineux 88, 89
Bien collectif 211, 212
Bouche d'égout 146
Brassage 28
Campagne 131
Caniveau 16, 89
Capacité de réception . . . 167, 168, ... 169, 173, 175
Caractérisation . . . 14, 15, 18, 44, 48
Centre équestre 35
Chablis 203
Champ d'épuration . . . 111, 131, 237
Champ 132, 166, 163, 170
Changement climatique . 62, 74, 143
Charte 12, 51, 242, 243
Chaulage 177
Chemin forestier 22, 204
Citerne 87
Collectif 13, 14
Colonne d'eau 27, 59, 62
Compactage 22, 200
Compensation 80
Compétence municipale . . 233, 234, ... 235, 236, 238, 239
Compost 18, 132
Conception 80
Concertation 15, 81
Consensus 14, 241
Conservation 48, 244, 245
Constitution 211, 212
Contamination . 129, 165, 173, 175
Contre-pente 178
Convention entre propriétaires . . 247
Cote trophique 12, 41
Coupe en mosaïque 207
Coupe forestière . 21, 22, 29, 34, 187
Coupe totale 22, 202, 206

Coupe de jardinage . . 21, 201, 204, ... 205, 206
Courant 116, 123
Cours d'eau 202
Cours d'eau intermittent 78
Cours d'exercice . 21, 163, 164, 165, ... 173, 174
Couvert forestier 29
Couvre-sol 92
Cyanobactérie 55, 56
Cycle de l'eau . . . 137, 138, 197
Cylindrospermopsis raciborskii . . . 64
Débordement . . . 130, 133, 142, 146
Débris de coupe 22, 203
Déclaration d'intention 246
Déglaçage 21, 95, 110
Démographique 132
Déphosphatation 20
Dermatite 62
Dermatotoxine 62, 64
Désableur-dégraisseur 151
Descente pluviale 150
Développement 43, 47, 51
Développement durable 18, 83
Développement urbain 29
Diarrhée 64
Diatomée 59, 61
Donation 247
Drain 20, 113, 145, 178
Drainage . 14, 16, 73, 78, 105, 112, ... 122, 177
Droit acquis 19, 230
Eau de ruissellement . . . . . . 16, 17, ... 18, 21, 29, 32, 47, 49, 73, ... 77, 87, 89, 93, 94, 96, 97, . . . 98, 99, 106, 109, 111, 114, . . 121, 122, 128, 136, 139, 140, ... 144, 151, 180
Eau grise 17
Eau pluviale 16

Eau potable 189
Eau sanitaire. 20, 33, 49
Eaux pluviale . . . 20, 49, 73, 85, 95,
. . . . . .113, 134, 135, 125, 142
Eau stagnante 101
Eaux usées. . . . 18, 19, 20, 33, 114,
. . 126, 127, 128, 129, 130, 131,
. . . . .133, 134, 135, 219
Écoconditionnalité 184
Écopelouse. 18, 91
Écosystème 11, 40, 48, 63, 92,
. . . . .161, 162, 228
Écoulement 97, 98, 102
Égout 19, 33, 128, 129, 133,
. . . . . 134, 139, 140, 141, 143,
. . . . .144, 145
Élagage 120
Élément nutritif. 161, 162, 163,
. . . . . 164, 166, 167, 168, 172,
. . . . .176, 179, 195
Embarcation 122
Engrais 10, 18, 25, 31, 37, 168
Entente de conservation. . . .13, 246
Entente de gestion 246
Entrée de garage 88
Entrepreneur 222
Environnement . .212, 215, 217, 240
Épandage 169, 172, 179, 180
Épilimnion. 57
Épilithe 58
Épipélique. 58
Épiphyte 58
Éponge. 167, 168
Équipement récréatif 89
Érosion 21, 46, 79
. . . . 85, 93, 97, 116, 122,
. . . . . . .139, 166,167, 170, 171,
. . . . .176, 184, 198
Étang 123
Eutrophe. 58
Eutrophisation 55, 59
Exploitation agricole 21
Exploitation forestière. 21, 46
Faune .48
Fer 63
Ferme. 21, 161, 181
Fermette 35
Fertilisant 21, 90, 91
Fiduciaire 215, 218

Fiducie d'utilité sociale 238
Filtre à sable. 153
Filtre de route. 21
First flush 151
Fleurs d'eau 9, 10, 11, 36, 55,
. 59, 61, 63, 64, 65, 66, 67, 187
Flore. .48
Foie 62
Foresterie urbaine 153
Forestier. 162
Forêt. 34, 187, 188, 189, 190,
. . . . .193, 194
Forêt privée 208, 209
Forêt publique 208
Fossé 21, 22, 30, 36, 102, 128,
. . . . .154, 178, 179
Fuite 161, 163, 173
Fumier 132, 166, 168, 169,
. . . . .172, 173, 175, 180
Gastro-entérite. 64
Gaz carbonique. 196
Glace 27, 117, 123
Gouttière 86
Gouvernement . . . 14, 30, 125, 205,
. . . . .211, 212, 213
Gravier 16, 88, 90
Habitation. 81
Hautes eaux. 78
Hépato-entérite 64
Hépatotoxine 62, 64
Hydrologie 140
Hypolimnion 57
IDF 143
Incitatif. 182, 184
Indigène 92
Infiltration 138
Intendance privée. 13, 245
Jardin pluvial . . . 87, 88. 89, 90,107
Jardin tourbière 110, 111
Jardiner 18
Juridique 51, 53, 211
LEED. 15, 20, 45, 76, 144, 151
LEED-ND. 76
LID 15, 20, 76
Lieu d'élevage 173
Lisier 165, 180
Lixiviat 18, 21, 163, 174
Lotissement 77
Lumière 26, 27, 60

Lyse 63
Machinerie 34
Mandamus. 220
Marais 11, 95, 108, 109, 110,
. . . . .148, 180, 193
Marécage. 193
Matière fertilisante. 172
Matière organique . 21, 34, 36, 111,
. . . . .112, 166, 167, 177
Mésotrophe 58
Mésotrophique 62
Métalimnion. 57
Microcystine 62, 63, 64, 66
Microcystis aeruginosa 64
Milieu forestier 191
Milieu humide 77, 107, 193
Milieu naturel 14, 18, 80
Miniécosystème. 161
Miniparcelle 21, 174
Mitigation. 10, 35
Modélisation 12, 67, 68
Municipalisation 221
Municipalité 18, 21, 30, 33, 40,
. 51, 77, 83, 131, 141, 211, 213,
. . 214, 216, 217, 219, 221, 224,
. . . . . .231, 232, 237, 238, 248
Mur 11, 118, 119
Mycorhize. 18
Nappe phréatique. 21, 47, 49,
. . . . .73, 102
Navigation 28, 213
Neige 16, 95, 110, 198
Neurotoxine 62, 64
New Jersey 157
Norme 40, 49, 50
Nutriment. 26, 27, 59
Oligotrophe. 58, 62
Organisme citoyen 247
Ornière 22, 34, 200
Ouvrage d'évapotranspiration . . . . . .
. . . . .101, 110
Ouvrage d'infiltration . . . .
. . . . .101, 115
Ouvrage de captation . . .16, 99, 115
Ouvrage de filtration. 106
Ouvrage de rétention 101, 104
Ouvrage de transit 101, 102
Oxyde d'azote. 37
Oxygène. 36

PAEF 21, 175, 176, 182, 185
Parcelle 175
Pâturage 21, 132, 163, 165,
. . . . 174, 175
Pavé de béton 16, 88, 89
Paysage 79
Pelouse 10, 16, 30, 90, 91
Pente 97, 98, 123, 170, 202
Pépinière 35
Percolation 21, 73, 77, 90, 95,
. . . . .96, 99, 104, 166
Perméabilité 96, 176
Pesticide 31, 90
Phosphore 10, 20, 25, 30,
. . 31, 32, 36, 37, 55, 58, 59, 60,
. . . 61, 66, 67, 68, 89, 109, 126,
. . 127, 129, 131, 132, 133, 140,
. . . . . 144, 161, 183, 184, 194,
. . . . .233, 234, 236
Phycobiline 60
Phycocyanine 56
Phytoplancton 58, 59, 61, 66
Piscine 17, 89, 90, 114
Plage 122, 123
Plan d'action 15, 82, 83
Plan d'intégration paysagère 80
Plan de développement . .14, 76, 80
Plan de gestion 43, 46
Plan de nivellement 80
Plan de suivi 66
Planification 81
Plantation 121
Plate-bande 16, 86, 92. 107
Pluie 33, 72, 73, 86,
. . . 94, 104, 106, 139, 140, 141,
. . 142, 143, 164, 176, 179, 198
Pollueur 38, 73
Pollution 44
Ponceau 22
Portland 156
Potassium 194
Précipitation 170
Prédéveloppement 20, 142
Principe de précaution 234
Principe de subsidiarité 234
Programme 12, 41, 44
Promoteur immobilier 76
Puits d'infiltration 148
Quai 17, 122

Racine 191, 192, 199
REA 182, 183
Reboisement 22
Reboiser 11
Réchauffement 28, 44, 46, 87
Récréative 17
Récréotouristique 48
Récurrence 141
Recyclage 195
Régénération 22
Règlement 19, 183, 209, 224,
. . . . .228, 229, 232
Réglementation 21, 110, 207
Rejet «0» 16, 73, 85
Renaturalisation 226, 227
Réseau hydrographique 14, 78
Réseau combiné 130
Réseau sanitaire 129
Réseau unitaire 19, 129, 142
Réserve naturelle 247
Résidence 16, 20, 45, 219
Résidentiel 85
Responsabilité 13
Restauration 19
Restaurer 50
Revégétalisation 225, 227
Rigole 103, 115
Risberme 174
Rive 116, 118, 121
RNI 207
Rotation des cultures 177
Ruisseau 197
Ruissellement 71, 73, 82, 85,
. . . . .86, 92, 94, 166
Sable .123
Savon .10
Sédiment . . . 16, 32, 46, 47, 71, 72,
. . . . 85, 88, 93, 107, 135,
. . . . .140, 146, 161
Septique 25, 20, 131, 133,
. . . . . .219, 221, 222, 230, 237
Servitude de conservation 247
Seuil de sécurité 229
Site d'enfouissement 21
Sol 15, 21, 22, 29, 32, 79, 95,
. . .96, 119, 162, 168, 170, 171,
. . 172, 173, 174, 177, 178, 191,
. . . . .193, 196, 199, 200

Station d'épuration 33, 112,
. . . . . .127, 129, 130, 133, 189
Stationnement 20, 29, 145
Stratification 27
Structure d'entreposage . . . 21, 163,
. 172
Suivi 41, 42, 44
Surverse 142
Système nerveux 62
Télédétection 67
Température 26, 27, 28, 57, 61,
. . . . .62, 87, 196
Temps de concentration 157
Temps de parcours 97
Temps de résidence 67
Tendance verte 15, 20, 76
Terrain de golf 35, 71
Terrasse 89
Toit 29, 86, 87, 139, 145
Toit vert 16, 87
Tourbière 193
Toxicité 62
Toxine 61, 62, 63, 64
Tranchée drainante 150
Trappe à sédiments 147
Urbanisation 72, 132, 139, 140
Urine .126
Vacuole 57
Vague 117, 123
Végétalisation 10, 11, 119
Vidange 221
Ville 131, 136
Villégiature 14, 29, 45, 71, 81
Virus du Nil 101
Voie d'eau 177, 180
Vomissement 64
Vue 17, 79, 120
Xéropaysage 92
Zone en dépression 105
Zone photique 58